用于国家职业技能鉴定
国家职业资格培训教程
GUOJIA ZHIYE ZIGE PEIXUN JIAOCHENG

YONGYU GUOJIA ZHIYE JINENG JIANDING

修脚师

（初级）

编审委员会

主　任　刘　康
副主任　张亚男
委　员　余光宇　曹东彬　王丽华　彭向东　陈　蕾
　　　　张　伟

编写人员

主　编　余光宇
副主编　王建生
编　者　曹东彬　薛国庆　王丽华　牛国祝　刘珺磊
　　　　罗　凤　耿长滨

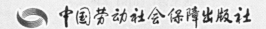
中国劳动社会保障出版社

图书在版编目（CIP）数据

修脚师：初级/中国就业培训技术指导中心组织编写. —北京：中国劳动社会保障出版社，2013

国家职业资格培训教程
ISBN 978-7-5167-0422-6

Ⅰ.①修… Ⅱ.①中… Ⅲ.①足-保健-技术培训-教材 Ⅳ.①TS974.1

中国版本图书馆 CIP 数据核字(2013)第 123665 号

中国劳动社会保障出版社出版发行
（北京市惠新东街1号　邮政编码：100029）
出版人：张梦欣
*
北京市艺辉印刷有限公司印刷装订　新华书店经销
787毫米×1092毫米　16开本　6印张　103千字
2013年6月第1版　2022年10月第5次印刷
定价：17.00元

营销中心电话：400-606-6496
出版社网址：http://www.class.com.cn

前　　言

　　为推动修脚师职业培训和职业技能鉴定工作的开展，在修脚师从业人员中推行国家职业资格证书制度，中国就业培训技术指导中心在完成《国家职业技能标准·修脚师》（2007 年修订）（以下简称《标准》）制定工作的基础上，组织参加《标准》编写和审定的专家及其他有关专家，编写了修脚师国家职业资格培训系列教程。

　　修脚师国家职业资格培训系列教程紧贴《标准》要求，内容上体现"以职业活动为导向、以职业能力为核心"的指导思想，突出职业资格培训特色；结构上针对修脚师职业活动领域，按照职业功能模块分级别编写。

　　修脚师国家职业资格培训系列教程共包括《修脚师（基础知识）》《修脚师（初级）》《修脚师（中级）》《修脚师（高级）》《修脚师（技师　高级技师）》5 本。《修脚师（基础知识）》内容涵盖《标准》的"基本要求"，是各级别修脚师均需掌握的基础知识；其他各级别教程的章对应于《标准》的"职业功能"，节对应于《标准》的"工作内容"，节中阐述的内容对应于《标准》的"技能要求"和"相关知识"。

　　本书是修脚师国家职业资格培训系列教程中的一本，适用于对初级修脚师的职业资格培训，是国家职业技能鉴定推荐辅导用书，也是初级修脚师职业技能鉴定国家题库命题的直接依据。

　　本书在编写过程中得到北京市人力资源和社会保障局职业技能开发研究室、北京翔达投资管理有限公司清华池浴池等单位的大力支持与协助，在此一并表示衷心的感谢。

目 录

CONTENTS 国家职业资格培训教程

第1章
接 待

第1节 班前准备

 学习单元1 清洁室内环境

 **学习目标**

➤ 了解修脚环境卫生的标准；

➤ 熟悉清洁剂的种类和使用。

 **知识要求**

一、环境卫生的标准

脚病修治室内环境卫生应满足如下标准。

1. 室内空气清新无异味

室内空气没有异味，通风设施要齐全，空气流通要顺畅；有条件情况下可适当增加空气消毒设施。

2. 地面干净、整洁、无杂物

地面无皮屑、趾甲等遗留物，无杂物纸屑；地面干净整洁，无脚印、水渍等印迹；不能乱堆放杂物，班前将地面拖扫干净，如图1—1所示。

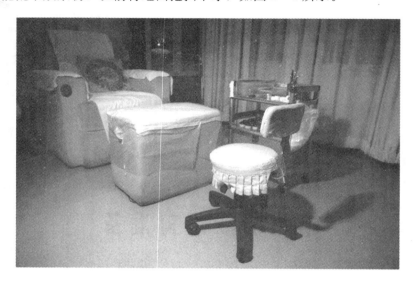

图1—1 脚病修治室地面环境

3. 物品摆放整齐、无灰尘

物品摆放有序；勤擦拭物品表面，不能留有灰尘，如图1—2所示。

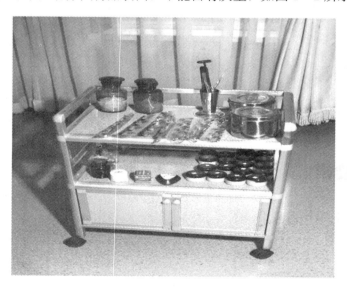

图1—2 物品码放

二、消毒的方法和原理

消毒的方法可以分为机械灭菌法、物理灭菌法及化学灭菌法。

1. 机械灭菌法

用肥皂和水刷洗，通过摩擦作用可以除掉物品和皮肤上的污物以及所附着的细菌；通过肥皂的作用，可以除去油垢和所附着的细菌；水的作用主要是冲洗。机械灭菌法本身不能达到彻底灭菌的目的，所以需和其他方法结合使用，从而发挥其彻底灭菌的作用，但机械灭菌法是其他灭菌法不可缺少的首要步骤。

2. 物理灭菌法

物理灭菌法有高温灭菌法和照射灭菌法两种。它的原理是通过高温破坏细菌生存必需的酶，由于细菌芽孢的代谢几乎是处于停止状态，所以对高温的耐力较大。高温凝固蛋白质，高温杀死细菌的现象与蛋白质凝固的现象很相似。高温破坏细菌细胞膜使其死亡。高温灭菌和照射灭菌法具体又可分为以下几种方法。

（1）煮沸灭菌法

在正常气压下煮沸的水温为 100℃，在高温生长期细菌在 10～15 分钟被杀死，芽孢则需要 30 分钟以上乃至 1～2 小时。

（2）蒸汽灭菌法

蒸汽灭菌法是以流动的蒸汽进行灭菌的方法。流动蒸汽的温度不能超过 100℃。所灭菌的效力与煮沸相似，对于不能湿煮的物品，如布单、整料可以应用。

（3）高压蒸汽灭菌法

高压蒸汽灭菌法的原理是用饱和的水在高温高压下杀死细菌，是目前最有效的灭菌方法。高压蒸汽灭菌的温度与压力成正比，压力越大，温度越高，一般常用灭菌的压力为 1.05 千克/平方厘米，温度为 121℃。灭菌的器械和物品不同，灭菌时间为 20～30 分钟，温度为 115℃。玻璃器、注射器为 20 分钟，温度为 121℃，布料、整料灭菌时间为 30～45 分钟，高压温度为 134℃。

（4）照射灭菌法

照射灭菌法是指紫外线照射灭菌法。主要是对室内的空气灭菌，波长 200～275 纳米的紫外线才有杀菌作用，而且只能杀死物品表面的细菌，对飞沫灭菌作用不大，对没有直接照射的部位也无灭菌作用。

3. 化学灭菌法

利用药品化学试剂杀菌的作用进行消毒的方法，一般仅用于不能应用高温杀菌的物品。化学灭菌方法有以下两种。

（1）溶液浸泡法

溶液浸泡法是我们较常用的方法，适用于器械消毒。

（2）气体熏蒸法（干热灭菌法）

气体熏蒸法是一种利用化学试剂在合体或蒸发状态下杀死细菌的方法，适用于不能耐高热和浸泡的器械，以及室内空气的灭菌。这种方法灭菌作用快，穿透力强，无腐蚀性，例如，环氧乙烷在 10.8℃ 即蒸发为气体，且杀菌性很强。

三、消毒剂

消毒剂是指用于杀灭传播媒介上病原微生物，使其达到无害化要求的制剂。它不同于抗生素，它在防病中的主要作用是将病原微生物消灭于人体之外，切断传染病的传播途径，达到控制传染病的目的。人们常称它们为"化学消毒剂"。

1. 消毒剂的分类

（1）按照消毒剂作用的水平可分为灭菌剂、高效消毒剂、中效消毒剂、低效消毒剂。

1）灭菌剂。灭菌剂是可杀灭一切微生物使其达到灭菌要求的制剂，包括甲醛、戊二醛、环氧乙烷、过氧乙酸、过氧化氢、二氧化氯等。

2）高效消毒剂。高效消毒剂指可杀灭一切细菌繁殖体（包括分枝杆菌）、病毒、真菌及其孢子等，对细菌芽孢也有一定杀灭作用，是达到高水平消毒要求的制剂，包括含氯消毒剂、臭氧、甲基乙内酰脲类化合物、双链季铵盐等。

3）中效消毒剂。中效消毒剂指仅可杀灭分枝杆菌、真菌、病毒及细菌繁殖体等微生物，达到消毒要求的制剂，包括含碘消毒剂、醇类消毒剂、酚类消毒剂等。

4）低效消毒剂。低效消毒剂指仅可杀灭细菌繁殖体和亲酯病毒，达到消毒剂要求的制剂，包括苯扎溴铵等季铵盐类消毒剂、氯己定（洗必泰）等二胍类消毒剂，汞、银、铜等金属离子类消毒剂及中草药消毒剂。

（2）按其化学性质不同可分为九大类

1）含氯消毒剂。含氯消毒剂是指溶于水产生具有杀微生物活性的次氯酸的消毒剂，其杀微生物有效成分常以有效氯表示。次氯酸分子量小，易扩散到细菌表面，并穿透细胞膜进入菌体内，使菌体蛋白氧化，导致细菌死亡。含氯消毒剂可杀灭各种微生物，包括细菌繁殖体、病毒、真菌、结核杆菌和抗力最强的细菌芽孢。这类消毒剂包括：无机氯化合物，如次氯酸钠（浓度为 10％～12％）、漂白粉（浓度为 25％）、漂粉精（次氯酸钙为主，浓度为 80％～85％）、氯化磷酸三钠（浓度为 3％～5％）；有机氯化合物，如二氯异氰尿酸钠（浓度为 60％～64％）、三氯异氰尿酸（浓度为 87％～90％）、氯铵 T（浓度为 24％）等。无机氯性质不稳定，易受光、热和潮湿的影响，丧失其有效成分，有机氯则相对稳定，但是溶于水之后均不稳定。它们的杀微生物作用明显受使用浓度、作用时间的影响，一般说来，有效氯浓度越高、作用时间越长，消毒效果越好；pH 值越低消毒效果越好；温度越高杀微生物作用越强；但是当有机物（如血液、唾液和排泄物）存在时消毒效果可明显下降。此时应加大消毒剂使用浓度或延长作用时间。但是高浓度含氯消毒剂对人呼吸道黏膜和皮肤有明显刺激作用，对物品有腐蚀和漂白作用，大量使用还可污染环境。因此，使用时应详细阅读说明书，按不同微生物污染的物品选用适当浓度和作用时间，一般说来，杀灭病毒可选用有效氯 1 000 毫克/升，作用 30 分钟。此类消毒剂常用于环境、物品表面、食具、饮用水、污水、排泄物、垃圾等消毒。

2）过氧化物类消毒剂。由于过氧化物类消毒剂具有强氧化能力，各种微生物对其十分敏感，可将所有微生物杀灭。这类消毒剂包括过氧化氢（浓度为 30％～90％）、过氧乙酸（浓度为 18％～20％）、二氧化氯和臭氧等。它们的优点是消毒后在物品上不留残余毒性，但是由于其化学性质不稳定必须现用现配，使用不方便，且因其氧化能力强，高浓度时可刺激、损害皮肤黏膜、腐蚀物品。

过氧乙酸常用于被病毒污染物品或皮肤消毒，一般消毒物品时浓度可用 0.5％，消毒皮肤时浓度可用 0.2％～0.4％，作用时间为 3 分钟。在无人环境中可用于空气消毒，用浓度为 2％的过氧乙酸喷雾（按毫升/立方米计算），或加热过氧乙酸（按 1 克/立方米计算），作用 1 小时后开窗通风；二氧化氯可用于物品表面消毒，浓度为 500 毫克/升，作用 30 分钟；臭氧也是一种强氧化剂，溶于水时杀菌作用更为明显，常用于水的消毒，饮用水消毒时加臭氧量为 0.5～1.5 毫克/升，水中余臭氧量 0.1～0.5 毫克/升，维持 10 分钟可达到消毒要求，在水质较差时，应加大臭氧加入量，为 3～6 毫克/升。

3）醛类消毒剂。醛类消毒剂包括甲醛和戊二醛。此类消毒为一种活泼的烷化剂，作用于微生物蛋白质中的氨基、羧基、羟基和巯基，从而破坏蛋白质分子，使微生物死亡。甲醛和戊二醛均可杀灭各种微生物，由于它们对人体皮肤、黏膜有刺激和固化作用，并可使人致敏，因此不可用于空气、食具等消毒，一般仅用于医院中医疗器械的消毒或灭菌，且经消毒或灭菌的物品必须用灭菌水将残留的消毒液冲洗干净后才可使用。

4）醇类消毒剂。醇类消毒剂中最常用的是乙醇和异丙醇，它可凝固蛋白质，导致微生物死亡，属于中效水平消毒剂，可杀灭细菌繁殖体，破坏多数亲脂性病毒，如单纯疱疹病毒、乙型肝炎病毒、人类免疫缺陷病毒等。醇类杀微生物作用亦可受有机物影响，而且由于易挥发，应采用浸泡消毒，或反复擦拭以保证其作用时间。醇类常作为某些消毒剂的溶剂，而且有增效作用。常用浓度为75%。据报道，浓度为80%的乙醇对病毒具有良好的灭活作用。近年来，国内外有许多复合醇消毒剂，这些产品多用于手部皮肤消毒。

5）含碘消毒剂。含碘消毒剂包括碘酊和碘伏，它们赖以卤化微生物蛋白质使其死亡。可杀灭细菌繁殖体、真菌和部分病毒，可用于皮肤、黏膜消毒，医院常用于外科洗手消毒。一般碘酊的使用浓度为2%，碘伏的使用浓度为0.3%～0.5%。

6）酚类消毒剂。酚类消毒剂包括苯酚、甲酚、卤代苯酚及酚的衍生物，常用的有煤酚皂，又名来苏尔，其主要成分为甲基苯酚。卤化苯酚可增强苯酚的杀菌作用，如三氯强基二苯醚可作为防腐剂，已广泛用于临床消毒、防腐。

7）环氧乙烷。环氧乙烷别名氧化乙烯，属于高效消毒剂，可杀灭所有微生物。由于它的穿透力强，常将其用于皮革、塑料、医疗器械，用品包装后进行消毒或灭菌，而且对大多数物品无损害，可用于精密仪器、贵重物品的消毒，尤其对纸张色彩无影响，常将其用于书籍、文字档案材料的消毒。

8）双胍类和季铵盐类消毒剂。双胍类和季铵盐类消毒剂属于阳离子表面活性剂，具有杀菌和去污作用，医院里一般用于非关键物品的清洁消毒，也可用于手消毒，将其溶于乙醇可增强其杀菌效果，可作为皮肤消毒剂。由于这类化合物可改变细菌细胞膜的通透性，常将它们与其他消毒剂复配以提高其杀菌效果和杀菌速度。

2. 常用化学消毒剂的特性和用法

常用化学消毒剂的特性和用法见表1—1。

表 1—1　　　　常用化学消毒剂的特性和用法

名称（别名）	特性	优、缺点	消毒对象	用法及浓度
漂白粉	为氧化蛋白类消毒剂，白色颗粒状粉末，含有效氯25%～32%，但不稳定，应保存在阴暗干燥处	优点：杀菌力强、价廉　缺点：漂白作用强，对金属物品有腐蚀性，不能来消毒衣服及金属物品	住室、用具、杂物的消毒，饮用水的消毒，粪、尿、脓液、痰等分泌物的消毒	喷洒，搅拌，湿抹，1升粪、痰或脓加200克干粉，1升尿加5克干粉，0.5%～3%澄清液用于喷洒住室及擦洗用具

续表

名称（别名）	特性	优、缺点	消毒对象	用法及浓度
次氯酸钠	无色有刺激性液体，氯消毒剂是世界卫生组织公认对病毒性肝炎病毒有效的消毒剂	优点：杀菌及杀病毒力强 缺点：对皮肤黏膜有刺激作用	食具、体温计、便具、粪、尿、痰	喷洒、湿抹、浸泡，常用浓度为0.1%～0.5%
苯扎溴铵（新洁尔灭）	淡黄色或无色溶液，易溶于水，无挥发性，可长期保存	优点：杀菌浓度低，毒性和刺激性小，无漂白及腐蚀作用，稳定 缺点：杀菌力不强，尤其对芽孢、亲水性病毒，如肝炎病毒无效	对化腔性病原菌、肠道菌消毒效果较好，可用于皮肤、手、黏膜、金属器械、食具等消毒	浸泡、冲洗、湿抹，常以0.1%～0.2%浓度用于消毒皮肤、黏膜、医疗器材与食具，浸泡金属器械时需加浓度为0.5%的亚硝酸钠，以防生锈
浓度为36%的甲醛溶液（福尔马林）	具有强烈的窒息性、刺激性气味	优点：抗菌力强，且能杀灭芽孢，不损坏皮毛及棉毛织品 缺点：有刺激性臭味	书报、化验单、病历、人民币、日用品、衣服、被褥、不耐热医疗器械	消毒物品置甲醛溶液消毒室内熏蒸，用量为12.5～50毫升/立方米
戊二醛	纯品为无色油状液体，有微弱甲醛气味，可与水、醇混溶	优点：杀菌谱广、速效、高效、低毒、作用较甲醛强 缺点：价格较贵，对黏膜及眼有刺激性	不耐热的医疗器械，特别适用于内窥镜的消毒	常用浓度为2%的碱性戊二醛浸泡，器械消毒后应用灭菌水冲洗后才能使用
环氧乙烷（氧化乙烯）	低温条件下为无色透明液体。沸点为10.8℃，常温下为气体灭菌剂	优点：杀菌谱广，杀菌力强，穿透力强，不损伤物品 缺点：易爆炸，且有一定毒性，使用时必须注意安全	不耐热医疗器械、衣服、被褥、书报、化验单、病历、日用品	熏蒸，常用剂量为0.4～0.7千克/立方米

国家职业资格培训教程

续表

名称（别名）	特性	优、缺点	消毒对象	用法及浓度
乳酸	无色液体，可杀灭流感病毒及不耐药葡萄球菌	优点：对人毒性低 缺点：杀菌力弱	空气消毒	用于熏蒸或喷雾时浓度为5～10毫升/立方米，1～2小时后通风
过氧乙酸（过醋酸）	无色透明液体，有刺激性酸味，性不稳定，溶于水，对乙型肝炎病毒消毒效果较佳。高浓度加热易爆炸，市售浓度多在20%，一般无此危险	优点：杀菌谱广，高效，速效，其气体与液体对细菌和病毒都有较强消毒作用 缺点：稳定性差，有腐蚀及漂白作用	住室、食具、体温计、运送工具、蔬菜、水果、便具、手、皮肤、污水、塑料制品	喷洒、湿抹、浸泡，常用浓度为0.2%～2%，消毒皮肤不宜超过0.2%
煤酚皂溶液（来苏尔）	黄棕色至红棕色黏稠液体，带有酚臭，呈碱性反应，性稳定	优点：稳定，毒性较小，杀细菌力强 缺点：对芽孢及肝炎病毒无效	肠道传染病及呼吸道传染病的住室、用具、厕所、便盆等	喷洒、湿抹、浸泡容器及洗手等，常用浓度为2%～5%
乙醇（酒精）	无色透明液体，易与水混合，易挥发	优点：杀菌作用快，使用方便 缺点：杀微生物力弱，对肝炎病毒效果不好	医疗器械、手、皮肤	浸泡，涂擦，一般用70%～75%浓度

四、消毒柜

修脚器具的消毒可用物理消毒、化学消毒或用消毒柜进行。物理消毒和化学消毒如上所述。用消毒柜进行消毒需要掌握以下内容，如图1—3所示。

1. 工作原理

消毒柜利用紫外线功能，采用紫外线灯管产生紫外线在箱体内远距离照射所需消毒的物件，并通过箱体内的高亮度不锈钢板反射，使紫外线均匀照射物件的每一个部分。修脚工具在内不必翻转均能达到消毒的功效。

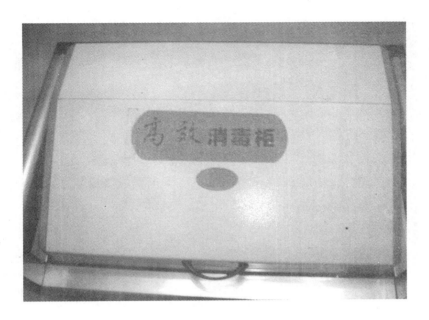

图1—3 高效消毒柜

2. 安全性能

消毒柜有电子定时器，每次接通电源，电子定时器会自动定时杀菌，工作30分钟会自动停止。应采用弱电保护装置，确保操作人员安全。

3. 杀菌效果

经卫生防疫部门检验证明，该消毒柜对各种病菌的杀灭效果达到95％。

4. 注意事项

不要长期直接接触紫外线，会伤害皮肤和眼睛，发生电源损害要及时找专业人员进行更换维修。

 **技能要求**

清洁室内环境

一、对室内环境进行清洁

室内环境的干净与否对修脚的效果和患者在修脚过程中的心理感受有很大的影响，如图1—4所示。

1. 开窗通风

由于室内经过一夜的封闭，空气不流通，气味不能散去，因此在修脚之前，先

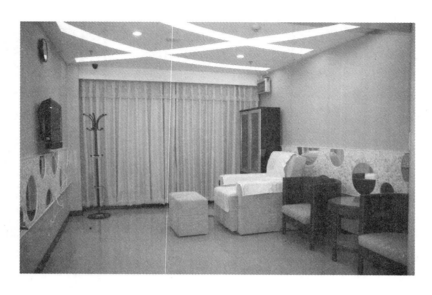

图1—4 室内环境

打开窗户，通风换气，使室内充满新鲜的空气，对修脚师和顾客的健康十分重要，还可以减少室内空气的细菌数量。

2. 扫除杂物

室内不应有与修脚无关的杂物，如地上的纸屑、棉球以及皮屑。在修脚前应将前一天遗留在地上的杂物清扫干净。

3. 拖净地面

打扫过程中会有很多的灰尘，空气中的细菌数会较平时增加8～10倍，因此，在扫除地面的杂物后，用洗净的拖布将地面拖干净，防止灰尘的飞扬，同时降低了空气的灰尘浓度，使室内空气更加清新。

4. 擦抹桌椅

由于室内经过一夜的封闭，加之扫地的过程中会产生很多灰尘，灰尘落在修脚床、椅子及桌上，不仅不利于修脚工作，而且影响器械的码放，所以要用干净的抹布将上述地方擦抹干净。

二、正确使用消毒剂

1. 过氧乙酸

（1）浸泡法

将被消毒或灭菌物品放入过氧乙酸溶液中加盖。细菌繁殖体用浓度为0.1%的消毒剂（1 000毫克/升）浸泡15分钟；肝炎病毒、TB菌用浓度为0.5%的消毒剂（1 500 毫克/升）浸泡 30 分钟；细菌芽孢用浓度为 1％的消毒剂（10 000 毫克/升）消毒 5 分钟，灭菌 30 分钟。诊疗用品或器材用无菌蒸馏水冲洗干净并擦干后使用。

（2）擦试法

用于消毒大件物品，用法同浸泡法。

（3）喷洒法

对一般污染表面的消毒用浓度为 0.2％～0.4％的消毒剂（2 000～4 000 毫克/升）喷洒作用 30～60 分钟；肝炎病毒和 TB 菌的污染用浓度为 0.5％（5 000 毫克/升）的过氧乙酸喷洒作用 30～60 分钟。

2. 含氯消毒剂

常用的消毒灭菌方法有浸泡、擦拭、喷洒与干粉消毒等。

（1）浸泡法

将待消毒或灭菌的物品放入装有含氯消毒剂溶液的容器中，加盖。对细菌繁殖体污染物品的消毒，用含有效氯 200 毫克/升的消毒液浸泡 10 分钟以上；对肝炎病毒和结核杆菌污染物品的消毒，用含有效氯 2 000 毫克/升的消毒液浸泡 30 分钟以上；对细菌芽孢污染物品的消毒，用含有效氯 2 000 毫克/升的消毒液浸泡 30 分钟。

（2）擦拭法

对大件物品或其他不能用浸泡法消毒的物品消毒用擦拭法。消毒所用药物浓度和作用时间参见浸泡法。

（3）喷洒法

对一般污染表面，用浓度为 1 000 毫克/升的消毒液均匀喷洒（墙面：200 毫升/平方米；水泥地面：350 毫升/平方米，土质地面：1 000 毫升/平方米），作用 30 分钟以上；对肝炎病毒和结核杆菌污染的表面的消毒，用含有效氯 2 000 毫克/升的消毒液均匀喷洒（喷洒量同前），作用 60 分钟以上。

（4）干粉消毒法

对排泄物的消毒，用漂白粉等粉剂含氯消毒剂按排泄物的五分之一用量加入排泄物中，略加搅拌后，作用 2～6 小时，对医院污水的消毒，用干粉按有效氯 50 毫克/升用量加入污水中并搅拌均匀，作用 2 小时后排放。

3. 二氧化氯

（1）浸泡法

将洗净、晾干待消毒或灭菌处理的物品浸泡于二氧化氯溶液中，加盖。对细菌繁殖的污染，用 100 毫克/升的消毒剂浸泡 30 分钟；对肝炎病毒和结核杆菌的污染用 500 毫克/升的消毒剂浸泡 30 分钟；对细菌芽孢消毒用 1 000 毫克/升浸泡 30 分钟；灭菌浸泡 60 分钟。

（2）擦拭法

参考浸泡法。

（3）喷洒法

对一般污染的表面用 500 毫克/升的二氧化氯均匀喷洒，作用 30 分钟；对肝炎病毒和结核杆菌污染的表面用 1 000 毫克/升的二氧化氯均匀喷洒，作用 60 分钟；饮水消毒，在饮用水源中加入 5 毫克/升的二氧化氯作用 5 分钟即可。

4. 臭氧

（1）诊疗用水消毒

一般加臭氧 0.5～1.5 毫克/升，作用 5～10 分钟，水中保持剩余臭氧浓度 0.1～0.5 毫克/升。对于质量较差的水，加臭氧量应在 3～6 毫克/升。

（2）医院污水处理

用臭氧处理污水的工艺流程是：污水先进入一级沉淀，净化后进入二级净化池，处理后进入调节储水池，通过污水泵抽入接触塔，在塔内与臭氧充分接触 10～15 分钟后排出。一般 300 张床位的医院，建一个污水处理能力 18～20 吨/小时的臭氧处理系统，采用 15～20 毫克/升的臭氧投入量，作用 10～15 分钟，处理后的污水清亮透明，无臭味，细菌总数和大肠菌群数均可符合国家污水排放标准。

（3）空气消毒

臭氧对空气中的微生物有明显的杀灭作用，采用 30 毫克/立方米浓度的臭氧，作用 15 分钟，对自然菌的杀灭率达到 90％以上。用臭氧消毒空气，必须是在人不在的条件下，消毒后至少过 30 分钟才能进入。可用于手术室、病房、无菌室等场所的空气消毒。

（4）表面消毒

臭氧对表面上污染的微生物有杀灭作用，但作用缓慢，一般要求浓度为 60 毫克/立方米，相对湿度≥70％，作用 60～120 分钟才能达到消毒效果。

5. 乙醇（酒精）

用于消毒处理，常用消毒方法有浸泡法和擦拭法。

（1）浸泡法

将待消毒的物品放入装有乙醇溶液的容器中，加盖。对细菌繁殖体污染医疗器械等物品的消毒，用 70％的乙醇溶液浸泡 30 分钟以上；对外科洗手消毒，用 75％的乙醇溶液浸泡 5 分钟。

（2）擦拭法

对皮肤的消毒，用 75％乙醇棉球擦拭。

6. 新洁尔灭

对污染物品的消毒，可用 0.1％～0.5％浓度的溶液喷洒、浸泡或抹擦，作用 10～60 分钟。如水质过硬，可将浓度提高 1～2 倍；消毒皮肤，可用 0.1％～0.5％的浓度涂抹、浸泡；消毒黏膜，可用 0.02％的溶液浸洗或冲洗。

三、配制消毒剂

以配制 84 消毒液为例。84 消毒液可采取浸泡、喷雾、擦拭的方法，用于物体表面消毒。一般使用浓度为 0.2％～0.5％，作用时间 30 分钟以上。84 消毒液原液有效氯含量≥5％，相当于 50 000 毫克/升，若需配制使用浓度为 0.5％的消毒溶液，应取 100 毫升原液加水至 1 000 毫升即得；或大半脸盆水约 400 毫升，加原液 160 毫升即为 0.2％的消毒溶液。

四、注意事项

1. 室内清洁注意事项

（1）通风时间 1～2 小时为宜，阴雨寒冷或大风期间及室外尘埃飞扬时，不宜通风。

（2）扫地时应把扫帚冲湿，否则会使地面灰尘飞扬。

（3）擦抹桌椅的抹布要及时清洗、更换。

（4）取无菌纱布或棉球时，必须用无菌持物钳夹取，切不可直接用手抓取，以免污染无菌物品。持物镊只能用来夹取无菌物品，不能夹取其他任何物品。

（5）修脚刀具等器械和无菌物品分开码放，不能混放，以防造成污染。

2. 消毒剂使用注意事项

（1）过氧乙酸

过氧乙酸应贮存于通风阴凉处。稀释液临用前配制，用前应测定有效含量，根据测定结果配制消毒溶液。配制溶液时，忌与碱或有机物相混合。为防止过氧乙酸对消毒物品的损害，对金属制品与织物浸泡消毒后，应及时用清水冲洗干净。谨防溅入眼内或皮肤黏膜上，一旦溅上，及时用清水冲洗。消毒被血液、脓液等污染的物品时，需适当延长作用时间。

（2）含氯消毒剂

1）应置于有盖容器中保存，并及时更换。

2）勿用于手术器械的消毒灭菌。

3）浸泡消毒时，物品勿带过多水分。

4）勿用于被血、脓、粪便等有机物污染表面的消毒。物品消毒前，应将表面黏附的有机物清除。

5）勿用于手术缝合线的灭菌。

6）用含氯消毒剂消毒纺织品时，消毒后应立即用清水冲洗。

（3）二氧化氯

1）消毒前将二氧化氯用浓度为10％的柠檬酸活化30分钟才能使用。

2）活化后的二氧化氯不稳定，一般要活化后当天使用。

3）用二氧化氯消毒内窥镜或手术器械后，应立即用无菌蒸馏水冲洗，以免对器械有腐蚀作用。

4）配制溶液时，忌与碱或有机物相接触。

（4）臭氧

1）臭氧对人有毒，国家规定大气中允许浓度为0.2毫克/立方米，故消毒必须在无人条件下进行。

2）臭氧为强氧化剂，对多种物品有损坏，浓度越高对物品损坏越重，可使铜片出现绿色锈斑，橡胶老化、变色、弹性降低，以致变脆、断裂，使织物漂白退色等，使用时应注意。

3）温度和湿度可影响臭氧的杀菌效果：臭氧用作水的消毒时，0℃最好，温度越高，越有利于臭氧的分解，故杀菌效果越差；加湿有利于臭氧的杀菌作用，要求湿度＞60％，湿度越大杀菌效果越好。

（5）乙醇（酒精）

1）应置有盖容器中保存，并及时更换。

2）勿用于手术器械的消毒灭菌。

3）勿用于涂有醇溶性涂料表面的消毒。

4）浸泡消毒时，物品勿带过多水分。

5）勿用于被血、脓、粪便等有机物污染表面的消毒。物品消毒前，应将表面粘附的有机物清除。

（6）新洁尔灭

1）新洁尔灭为低效消毒剂，易被微生物污染。外科洗手液必须是新鲜的。每次更换时，盛器必须进行灭菌处理。用于消毒其他物品的溶液，最好随用随配，放置时间一般不超过 2～3 天。使用次数较多，或发现溶液变黄、发浑及产生沉淀时，应随即更换。

2）消毒物品或皮肤表面粘有拮抗物质时，应清洗后再消毒。不要与肥皂或其他阴离子洗涤剂同用，也不可与碘或过氧化物等消毒剂合用。

3）配制水溶液时，应尽量避免产生泡沫，因泡沫中药物浓度比溶液中高，影响药物的均匀分布。

4）因本消毒剂不能杀灭结核杆菌和细菌芽孢，不能作为灭菌剂使用，亦不能作为无菌器械保存液。

5）若消毒带有机物的物品时，要加大消毒剂的浓度或延长作用的时间。

学习单元 2　码放修脚刀具及辅助用品

学习目标

➤ 了解修脚刀具及辅助用品的名称；

➤ 掌握修脚刀具码放到位的方法。

知识要求

一、修脚刀具及辅助用品的名称

1. 修脚刀具的名称、种类和用途

修脚所用的刀具共有 15 把，即抢刀 2 把、片刀 2 把、轻刀 6 把、条刀 4 把及刮刀 1 把，如图 1—5 所示。

（1）抢刀

抢刀柄厚刀重，坚固耐用，刀刃较宽，如图 1—6 所示。抢刀长 15.5 厘米，宽 1.5 厘米，专门用于去薄趾甲和抢除病甲。

（2）片刀

片刀刀薄口宽，刀刃一般为月牙形，如图 1—7 所示。片刀长 16 厘米，刃宽 2.2～2.5 厘米，专门用于去薄各种脚垫。

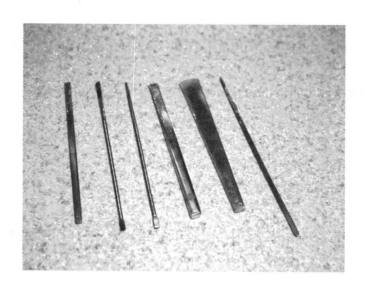

图1—5　修脚刀具摆放

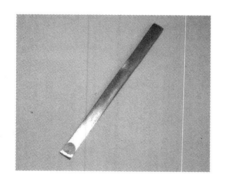

图1—6　抢刀

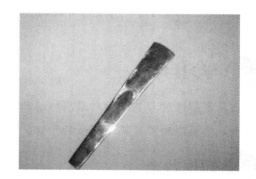

图1—7　片刀

（3）轻刀

轻刀口窄柄轻，用途最广，如图1—8所示。轻刀长15.5厘米，宽0.6厘米，专门用于劈断趾甲、撕起脚垫或择甲。

（4）条刀

条刀分为宽、窄两种，如图1—9所示。宽条刀长16厘米，刃宽0.4～0.6厘米；窄条刀长16厘米，刃宽0.2～0.3厘米。宽条刀用于手术；窄条刀用于挖干疗、潜趾。

（5）刮刀

刮刀长19厘米，宽0.5厘米，如图1—10所示，专门用于刮脚、打皮、放血。

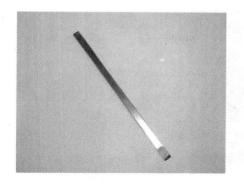

图 1—8　轻刀

图 1—9　条刀

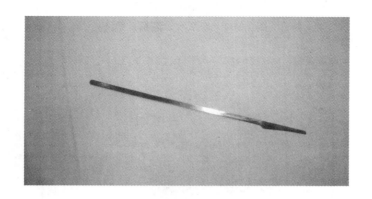

图 1—10　刮刀

2. 修脚辅助用品的名称及用途

在修治脚病操作过程中，修脚师必须准备一些用于消毒、消炎的药品及备料。常用的药品包括以下几种：酒精（75％浓度）、碘酒、双氧水、消毒液；常用的备料包括：棉棒（消毒过的）、棉球、纱布垫（辅料）、绷带、胶布等。酒精、碘酒多用于皮肤消毒；双氧水用于清洁伤口；消毒液用于消毒刀具；棉棒、棉球用于清洁伤口、消毒；纱布垫、绷带用于垫放、包扎伤口患部；胶布用于固定伤口患部、包扎。以上是常用的一些物品，如图 1—11 至图 1—13 所示。

二、修脚刀具的码放原则

1. 使用过的修脚刀和未使用的、经消毒的修脚刀应该分开码放，两者之间的距离在 1.5～3 米。

2. 消毒过的修脚刀应单独放在一个托盘中，用标签注明消毒日期。

3. 使用过的修脚刀应放在另外一个托盘中，以备消毒。

图1—11　双氧水、酒精、碘酒

图1—12　辅料

图1—13　棉球

4. 两个托盘的外边要用文字标名，如图 1—14 所示。

图 1—14 修脚刀具的码放

三、修脚辅助用品的码放原则

1. 无菌码放

消毒过的修脚刀需单独包装，用专用的托盘码放，专用托盘上不能盛放其他无关的用具，如图 1—15 所示。

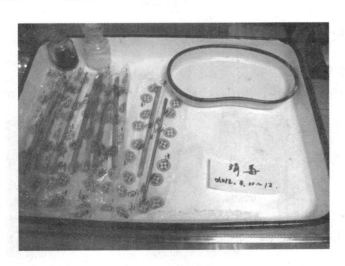

图 1—15 无菌码放

2. 条理码放

修脚刀具和备品的码放应条理清楚，才能在使用时取用方便。刀具和酒精、碘酒最好放在工具车的上层，其他的物品放在下一层，如图 1—16 所示。

图 1—16　条理码放

 技能要求

班前准备

一、码放修脚刀具

1. 托盘准备

托盘在使用前要清洗，使用过的托盘要及时更换，如图 1—17 所示。

图 1—17　托盘

2. 刀具码放

修脚刀应依大小、长短、厚薄的不同码放，码放顺序按照抢刀、片刀、轻刀、

条刀、刮刀的顺序依次码放，如图 1—18 所示。刀具码放在专用的托盘或消毒器柜中。在浸泡消毒时，以刀头在下刀尾在上的方式码放；在消毒柜中码放时，以刀头高刀尾低的方式码放。

图 1—18　刀具码放

二、摆放修脚辅助用品

1. 棉球、纱布和辅料的摆放

棉球、纱布和辅料放在专用的搪瓷缸中，如图 1—19 所示。

图 1—19　棉球、纱布和辅料的摆放

2. 酒精瓶的摆放

酒精应放在棕色或白色的玻璃磨口瓶中，如图 1—20 所示。

图 1—20　酒精瓶的摆放

3. 镊子、剪子、药板等用品的摆放

动作步骤	动作要领	基本动作
动作 1	用镊子把干净的棉花夹起，准备放入磨口瓶中	
动作 2	把棉花放在磨口瓶底部，用镊子压实	

续表

动作步骤	动作要领	基本动作
动作 3	依次把所用的器械尖端向下放入磨口瓶中	

三、调试修脚灯

修脚灯是修脚师在实际工作中必不可少的光源用具之一，修脚灯的光线质量对修脚工作的质量有很大影响。

动作步骤	动作要领	基本动作
动作1	检查电源是否接好，有无漏电的现象	
动作2	检查修脚灯的臂杆是否灵活和稳定	
动作3	检查灯泡是否完整，亮度是否正常，开关是否灵活	

四、准备泡脚盆

动作步骤	动作要领	基本动作
动作 1	泡脚盆在使用前应检查有无漏水的现象	
动作 2	检查塑料薄膜有无破裂现象	
动作 3	向修脚盆中缓慢注入热水，边注入热水边调试水温	

续表

动作步骤	动作要领	基本动作
动作 4	水温不能太烫，以 40～45℃ 为宜	

五、注意事项

1. 无菌消毒标签要注明日期和时间。

2. 使用过的修脚刀和消毒过的修脚刀要分开，二者分别放在不同的地方，防止交叉感染。

3. 泡脚的水温不能太热，泡脚的时间也不能太长。

 学习单元 3　研磨刀具

 学习目标

➤掌握研磨修脚刀具的方法。

 知识要求

一、磨刀石的选择

磨刀石的种类很多，修脚刀的研磨石一般采用沉积岩类被风化的块状物，每平方厘米在放大镜下可看到 62～78 目颗粒。边加水边磨刀的出现细浆，刀刃部位不出现划纹，而出现亮光，越磨越亮，这种磨刀石适合磨修脚刀、刻刀等锋利刀具，如图1—21所示。

图1—21 磨刀石

在选择磨刀石时，磨刀石要细腻，先看其外形是否平坦，然后用手指扣一下石块。扣下来的石块拿在手里，用手指相互拈劲，看是否能将石块捻成细末；或用水来试，用手指沾水在磨刀石上来回磨擦数下，看是否有泥浆，如出泥浆说明石料是好的。常用的是细江石，也可用青板石代替。刚买回的石块如不平坦，可在水泥地面上进行打磨，磴一磴或两石相磨，如图1—22所示。

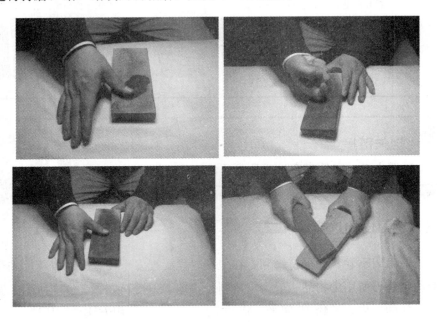

图1—22 选择磨刀石

二、定口

所谓定口，就是在磨刀后试试刀刃的锋利程度，再轻轻磨几下，把刀刃锋利定在需要的程度。

动作步骤	动作要领	基本动作
动作1	修脚刀在磨刀石上研磨完成	
动作2	用拇指轻轻划过修脚刀的刀刃，看有无毛刺儿扎手的情况，保持刀锋的锋利	

相关链接

所谓生刀，即没有开过刃的刀子的统称，是修脚行业术语。

三、鐾刀皮的选择

为了使刀刃不卷，并保持锋利，在使用时需要把刀子在专用的皮革上进行往返反复的荡，荡刀所用的物品一般为皮革制品，即鐾刀皮，如图1—23所示。鐾刀皮应选用最佳的牛皮，长约15厘米，宽约7厘米。具体使用方法如下所述。

图 1—23 鐾刀皮

动作步骤	动作要领	基本动作
动作 1	将牛皮光面朝上，放在手心上	
动作 2	右手握刀，将刀立起 35°角	

动作步骤	动作要领	基本动作
动作 3	向下用力翻转鐾拉，用手触摸时刀刃没有划感时方可使用	

四、磨刀的基本手法

刀具的磨法有两种，一种为塘面磨法，一种为塘口磨法。

塘面磨法，适用于新刀，重点用于把刀身整体的研磨、打平，使整把刀子保持平整的程度，去除刀身上坑洼的地方，把厚薄磨均匀，使整把刀子光滑圆润，便于持刀，如图1—24所示。

图1—24　片刀塘面磨法

塘口磨法是把不同的刀子的刀刃利用不同的方法磨至出刀锋。片刀、轻刀的刀刃应该磨得薄一些；抢刀的刀刃应该磨得厚一些，不易崩口；条刀的刀刃应该磨得圆一些，使用时便于捻转；刮刀的刀刃应该磨得薄一些，使其带有弧刃，便于刮修，如图 1—25 所示。

图 1—25 片刀塘口磨法

五、磨刀方法举例

磨刀就是把生刀磨出锋刃。磨刀方法的正确与否，直接关系到刀具的使用寿命和治疗效果，应予以重视，一定要使用正确的磨刀方法。

1. 直推法

直推法适用于研磨抢刀、轻刀。

动作步骤	基本动作	动作要领
动作 1		将磨刀石纵向放平

动作步骤	基本动作	动作要领
动作 2		拇指与中指指间关节握住刀身，食指指腹压住刀身，使刀具与磨刀石的夹角掌握在 5 度角
动作 3		在固定的磨刀石面上向前直推
动作 4		磨刀时要在磨刀石面上不断地加水，保持磨刀石湿润

2. 直拉法

直拉法适用于抢刀、轻刀、条刀的研磨。

动作步骤	基本动作	动作要领
动作 1		将磨刀石纵向放平稳
动作 2		用拇指、食指、中指握住刀具，磨刀时控制住刀刃与磨刀石的夹角
动作 3		边加水边向后直拉刀具

3. 横向磨刀法

横向磨刀法适用于抢刀、轻刀的研磨。

动作步骤	基本动作	动作要领
动作1		将磨刀石固定放平稳
动作2		用拇指、食指、中指三指握住刀具，使刀刃平放在磨刀石上
动作3		刀身方向与磨刀石形成90度直角，控制住刀刃与磨刀石的夹角。在磨刀石上边加水边横向研磨刀具

4. 旋转磨刀法

旋转磨刀法适用于片刀、宽条刀的研磨。

动作步骤	基本动作	动作要领
动作 1		将磨刀石放平固定
动作 2		用拇指、食指、中指三指握住刀具，在磨刀石上边加水边控制住刀刃与磨刀石的角度，旋转研磨刀具
动作 3		拇指蜷起托住刀根，食指压住刀身，使刀刃放于磨刀石平面上

续表

动作步骤	基本动作	动作要领
动作3		同时，使磨刀石固定，托住刀刃，在磨刀石面上旋转研磨

5. 斜磨刀法

斜磨刀法适用于轻刀、条刀、刮刀的研磨。

动作步骤	基本动作	动作要领
动作1		将磨刀石放平固定
动作2		使刀具与磨刀石形成45度夹角，控制住刀刃与磨刀石面的角度
动作3		沿磨刀石的方向，操刀斜磨

续表

动作步骤	基本动作	动作要领
动作 3		

6. 翘口磨刀法

翘口磨刀法适用于片刀的研磨。

动作步骤	基本动作	动作要领
动作 1		将磨刀石放平固定
动作 2		拇指与食指捏住片刀，中指托住刀身
动作 3		在磨刀的将刀口单侧翘起，目的是保持片刀的弧度，使刀刃锋利

动作步骤	基本动作	动作要领
动作4		将整个刀刃进行研磨，手腕要平稳、准确，用力要柔和、一致，不断旋转，使刀刃达到锋利的程度

7. 旋腕磨刀法

旋腕磨刀法适用于抢刀、轻刀、片刀、条刀的研磨。

动作步骤	基本动作	动作要领
动作1		将磨刀石放平固定
动作2		拇指与食指、中指相对握住刀身，拇指压住刀身，食指与中指托住刀身，手心向内，刀与磨刀石面形成5度夹角
动作3		小臂不动，主要应用腕力在磨刀石上按逆时针方向旋转研磨

续表

动作步骤	基本动作	动作要领
动作 3		将刀具磨好后进行定口、鐾刀

8. 在鐾刀皮上的鐾刀法

动作步骤		基本动作	动作要领
动作 1	蜻蜓点水法		将鐾刀皮放于固定的台面上或用左手托住
动作 2			左手持住鐾刀皮,右手拇指与食指握住刀身。食指压住刀头,刀刃与食指间距离为 3 厘米,刀刃与鐾刀皮的夹角为 10 度。刀刃在鐾刀皮上轻轻点击
动作 3	直拉鐾刀皮法		将鐾刀皮放于固定的台面上或用左手托住

续表

动作步骤	基本动作		动作要领
动作4	直拉鐾刀皮法		拇指与中指握住刀身，食指压住刀头，掌握住刀刃与鐾刀皮的夹角
动作5			在鐾刀皮上拉动刀
动作6	翻腕鐾刀法		将鐾刀皮放于固定的台面上或用左手托住
动作7			右手握住刮刀，掌握好刮刀与鐾刀皮的角度

续表

动作步骤	基本动作	动作要领
动作7		利用右手指力使刀刃在鐾刀皮上翻动鐾刀

 技能要求

研磨修脚刀具

一、研磨修脚刀具

1. 研磨片刀

从目前来讲，片刀的磨法因人而异，因工具的使用而不同，有人使用直口刀，有人使用圆口刀，还有人使用斜口刀。常规磨刀的磨法如下：片刀的磨法要求是先磨两边，后磨中间。

动作步骤	基本动作	动作要领
动作1		将磨刀石放平固定
动作2		捏刀的拇指与手腕时而稍向左方，时而稍向右方，用揉劲磨，不断翻转刀身、刀刃，两边磨数相等

续表

动作步骤	基本动作	动作要领
动作2		当刀子磨到与磨石发涩时，即可定口錾刀

2. 研磨轻刀

动作步骤	基本动作	动作要领
动作1		将磨刀石放平固定
动作2		刀背与磨刀石面的角度为5度左右
动作3		直推直拉，不断翻转刀刃，两边次数相等

续表

动作步骤	基本动作	动作要领
动作3	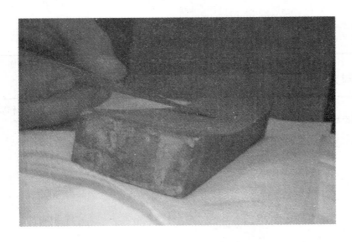	当磨到刀刃与磨石发涩时，就已接近锋利，即可进行定口礜刀

3. 研磨抢刀

抢刀要求磨成齐口，磨法，定口与礜刀和磨轻刀相同，只是它的刀背和磨石的角度要大一些，在 10 度左右，如图 1—26 所示。

图 1—26　研磨抢刀

4. 研磨条刀

动作步骤	基本动作	动作要领
动作1		刀刃倾斜放置于磨刀石之上，刀身与磨刀石为10度夹角，刀刃右端翘起2～3度夹角
动作2		以左端着石，直推直拉，磨到一定程度时，再与同样角度使右端着石，左边翘起，继续直磨。放平刀刃用揉劲磨
动作3		反转刀身，以同样的方法磨另一面，直到磨好。条刀磨好后，可直接进行錾刀

5. 研磨刮刀

动作步骤	基本动作	动作要领
动作1		刀刃倾斜放置于磨刀石之上，刀身与磨刀石为10度夹角，刀刃右端翘起2～3度夹角

续表

动作步骤	基本动作	动作要领
动作 2		以左端着石，直推直拉，磨到一定程度时，再以同样角度使右端着石，左边翘起，继续直磨
动作 3		放平刀刃用揉劲磨
动作 4		反转刀身，以同样的方法磨另一面，直到磨好，刮刀磨好后，可直接进行鐾刀

二、注意事项

1. 用刀时要轻拿轻放；放置时，刀具间要有间隔，以免刀刃相互碰撞；刀具用完后要消毒擦净，放入固定地点或工具袋；天气潮湿时，还应撒些滑石粉，避免长锈。

2. 用镊子夹取纱布和棉球时要注意有菌镊和无菌镊不能接触，更不能混放。

3. 不能用手直接抓取消毒纱布和棉球，以免造成污染。

4. 磨刀时，刀口与磨刀石形成 12 度夹角。大于 12 度夹角，容易使刀刃变成三角形，使用时不好进刀；小于 12 度夹角，易使刀刃变薄，在使用时，易使刀刃锛卷或掉刃。手握刀要稳。掌握好磨刀的节奏，磨刀石固定牢固，手与磨刀石保持距离，勿使手磨破。

第 2 节　接 待 客 人

学习目标

➤掌握服务顾客的程序和常识。

知识要求

一、普通话基础常识

普通话是现代汉民族共同语的口语形式，我国地域辽阔，人口众多，自古以来就有方言分歧。方言的存在给交际带来不便，产生隔阂，为了克服方言给交际带来的隔阂，就要有沟通各种方言的共同语存在。

1. 普通话推广的意义

国家统一和民族团结需要推广普通话。一个国家、一个民族是否拥有统一、规范的语言，是关系到国家独立和民族凝聚力的，具有政治意义的大事。《中华人民共和国宪法》第 19 条规定：国家推广全国通用的普通话。使用国家通用的语言文字，是每个公民应当履行的义务，也是公民具有国家意识、主权意识、法制意识、文明意识、现代意识的具体体现。我国是一个多民族、多方言的国家，推广普及普通话不仅有利于增进我国各民族的交流与往来，增强中华民族的凝聚力，而且有利于我国在国际社会中的影响。

2. 普通话的标准

"普通话是以北京语音为标准音，以北方话为基础方言，以典范的现代白话文著作为语法规范的现代汉民族共同语"，这是在 1955 年的全国文字改革会议和现代汉语规范问题学术会议上确定的。这个定义实质上从语音、词汇、语法三个方面提出了普通话的标准。

二、礼仪礼貌常识

1. 我国的风俗习惯和禁忌常识

修脚师在和顾客交流过程中要了解一些民族的风俗习惯和禁忌，避免产生误会。

中国人向来就有尊祖敬宗的习俗，祖先的名字和长辈的名字都不能直呼不讳。汉族、鄂伦春族、鄂温克族、哈萨克族、布依族、藏族等许多民族的祖先崇拜习俗中都有这一类禁忌事项。

汉族不论说写，都忌言及祖先、长辈的名字。现在，子女仍然禁忌直呼长辈的名字，更不能叫长辈的乳名。

晚辈称呼长辈时，一般应以辈份称谓代替名字称谓，如叫爷爷、奶奶、姥爷、姥姥、爸爸、妈妈等。这类称谓可明示辈份关系，也含有尊敬的意思。不但家族内长幼辈之间如此，师徒关系长幼辈之间也是如此。俗话说，"子不言父名，徒不言师讳。"不但晚辈忌呼长辈名字，即使是同辈人之间，称呼时也有所忌讳。在人际交往中，往往出于对对方的尊敬，也不宜呼其名。一般常以兄、弟、姐、妹、先生、女士、同志、师傅等相称。在必须问到对方名字时，还要客气地说"请问尊讳"，"阁下名讳是什么"等。

我国台湾、香港等地区的人对数字中的"4"避讳。台湾医院里就没有 4 号楼或第四号病房。香港人过年从不说"新年快乐"，平时写信也不用"祝您快乐"，因为"快乐"与"快落"（失败、破产的意思）听、说起来都容易混淆，是犯忌讳的词语。所以，一般香港人过年见面时总说"恭喜发财""新年发财""万事如意"等。香港对中、老年人忌讳称"伯父""伯母"，因为"伯父""伯母"与"百无"谐音，就是一无所有的意思。所以，在香港，无论商人、公职人员或是普通家庭妇女都忌讳这种称呼，而称"伯伯""伯娘"。

日常生活中有些词像"拉屎""撒尿""上厕所""月经"等也应该忌讳，可以用"出恭""解手""方便方便""如厕""例假"等代替。

对宗教人士，如和尚、道士说话，不能说出"驴"和"牛"字，因为和尚最忌被骂作"秃驴"，道士最忌被咒作"牛鼻子"。有生理缺陷的人，也讳忌对方当面嘲笑他的缺陷，这也是对人不尊重的亵渎行为，如当着秃头的人忌言秃，当着跛腿的人忌言瘸等。

2. 国外的风俗习惯和禁忌

世界各国由于文化背景、风俗习惯、社会制度与我国有差别，在与这些国家的顾客进行交往和沟通时，要遵循国际社会中约定俗成的交际惯例。

（1）信守承诺

在人际交往中，要"言必信，行必果"，是做人应有的基本素养。与外国朋友打交道，小到约定的时间，大到生意往来，都要讲信用、守承诺，不能随便许愿，失信于人。在修脚过程中，哪些能修，哪些不能修，一定要实事求是。

（2）热情有度

中国人在人际交往中，一直主张朋友之间应当"知无不言，言无不尽"，并且提倡"关心他人比关心自己更重要"，但是在国外，人们普遍主张个性至上，反对以任何形式干涉个性独立，侵犯个人尊严。对他人过分关心，或是干预过多，则会令对方反感。所以与外国友人打交道时，既要热情友好，又要以尊重对方的个人尊严与个性独立为限。

（3）尊重隐私

外国人普遍认为，要尊重交往对象的个性独立，维护其个人尊严就要尊重其个人隐私。即使是家人、亲戚、朋友之间，也必须相互尊重个人隐私。所以与外国友人相处时，应当自觉回避对对方个人隐私的任何形式的涉及。不要主动打听外国朋友的年龄、收入、婚恋、家庭、健康、经历、住址、籍贯，以及宗教信仰、政治见解等。

（4）女士优先

在国外，尤其是在西方国家的人际交往中，人们讲究女士优先，要求成年的男子在社交的场合要积极主动地以个人的举止言行去尊重妇女，关心妇女，照顾妇女，保护妇女，并且时时处处努力为妇女排忧解难。能够这样做的人，会被人视为教养良好。

（5）不必过谦

在外国人来看，做人首先需要自信。对于个人能力、自我评价，既要实事求是，也要勇于大胆肯定。不敢承认个人能力，随意进行自我贬低的人，要么事实上的确如此，要么便是虚伪做作，别有用心。所以在与外国朋友打交道时，千万不要过分谦虚，特别是不要自我贬低，以免被人误会。

3. 部分国家的礼节及习俗

（1）美国

美国地处北美洲的南部，是世界上最发达的国家之一。美国是一个多民族的移民国家，历史不长，但经过 200 余年各民族的相融与兼收并蓄，在习俗和礼节方面，形成了以欧洲移民传统习惯为主的特色。

1) 美国人的特点。美国人性格开朗，乐观大方，不拘小节，讲究实际，反对保守，直言不讳。

2) 宗教信仰。在美国，大约有30％的人信仰基督教，约20％的人信仰天主教，其他人则信仰东正教、犹太教或佛教等多种宗教。

（2）新加坡

新加坡土地面积较小，是由新加坡岛及其附近的小岛组成，是一个风景秀丽、以"花园城市"享誉世界的国家。"新加坡"三个字的意思是"狮子城"。新加坡人口中有很大一部分是华裔新加坡人，其他为马来血统的人和印度血统的人等。

1) 新加坡人的特点。新加坡人特别讲究卫生，在该国随地吐痰、乱扔弃物均属违法。

2) 新加坡人的宗教信仰。华裔新加坡人信奉佛教，而且很虔诚，他们有室内诵经的习惯，诵经时切不可打扰。华裔新加坡人来华喜欢进佛寺烧香、跪拜并捐香火钱。印度血统的新加坡人多数信仰印度教。马来血统的人、马基斯坦血统的人多数信奉伊斯兰教。当然也有一些人信奉天主教和基督教。

3) 新加坡人的禁忌。①新加坡人的颜色禁忌。新加坡人视紫色、黑色为不吉利。黑、白、黄为禁忌色。②新加坡人的语言禁忌。与新加坡人谈话时，忌谈宗教与政治方面的问题，也不能对他们讲"恭喜发财"的话，因为他们认为这句话有教唆别人发横财之嫌。③新加坡人的宗教禁忌。虔诚的佛教徒及伊斯兰教徒恪守他们的宗教禁忌，在接待时首先应弄清他们的宗教信仰或让他们主动提出要求，不要因不懂其禁忌而导致失礼。

（3）马来西亚

马来西亚位于东南亚，南与新加坡接壤，北与泰国毗邻。该国是"东盟"成员国，近年来经济发展成就显著，与我国交往日趋频繁，来华经商与旅游观光的人数逐年增多，是我国的主要客源国之一。

1) 马来西亚人的宗教信仰。多数马来西亚人信奉伊斯兰教，伊斯兰教为该国国教。其他宗教信仰者为数不多。

2) 马来西亚人的禁忌。①马来西亚人的数字禁忌。马来西亚人忌讳的数字是0、4和13。②马来西亚人的颜色禁忌。马来西亚人忌用黄色，不穿黄色衣服。一般不单独使用黑色。③马来西亚人的动物禁忌。马来西亚人忌讳使用猪皮革制品，忌用漆筷（因漆筷制作过程中用了猪血），忌谈及猪、狗的话题。此外，马来西亚人认为左手是不干净的，不能用左手为别人传递东西。

（4）泰国

1）泰国人的宗教信仰。大多数泰国人笃信佛教，在泰国境内遍布着千余座佛教寺庙，该国以小乘佛教为国教。男子成年后必须去寺庙当至少 3 个月的和尚，即使王公贵族也不例外。和尚穿黄衣，故泰国也有"黄衣国"之称。

2）泰国人的禁忌。①泰国人的颜色禁忌。泰国人忌讳褐色，而喜欢红色、黄色，并习惯用颜色来表示不同的日期，如星期日为红色，星期一为黄色，星期二为粉红色，星期三为绿色，星期四为橙色，星期五为淡蓝色，星期六为紫红色。②泰国人的动物禁忌。在泰国，人们忌讳狗的图案。③泰国人的日常禁忌。泰国人特别崇敬佛和国王，因此不能与他们或当着他们的面议论佛和国王。泰国人最忌人触摸头部，因为他们认为头是智慧所在，是宝贵的。小孩子绝不可触摸大人的头部；若打了小孩的头，他们就认为小孩一定会生病。泰国人睡觉忌讳头向西方，忌用红笔签名，因为头朝西和用红笔签名都意味着死亡。忌脚底向人和在别人面前盘坐，忌用脚把东西踢给别人，也忌用脚踢门。就座时，泰国人忌翘腿，妇女不坐时要双腿并拢，否则会被认为无教养。泰国仍然遵守男女授受不亲的戒律，故男女不可在泰国人面前表现出过于亲近的行为。当着泰国人的面，最好不要踩门坎，因为他们认为门坎下住着神灵。

（5）韩国

1）韩国人的特点。韩国人以勤劳勇敢著称于世，性格刚强，有强烈的民族自尊心，他们能歌善舞，热情好客。

2）韩国人的宗教信仰。韩国人以信奉佛教为主，佛教徒约占全国人口的三分之一。

3）韩国人的禁忌。韩国人忌讳"4"这个数字，认为此数字不吉利，因其音与"死"相同。因此在韩国没有 4 号楼、不设第 4 层、餐厅不排第 4 桌等。这在接待韩国人时需注意和回避，以免失礼。

（6）日本

1）日本人的特点。日本人总的特点是勤劳、守信、遵守时间、具有很强的责任感。日本人的工作和生活节奏快，重礼貌，集体荣誉感强。在日本，妇女对男子特别尊重。

2）日本人的宗教信仰。日本人大多信奉神道教和佛教。少数日本人信奉基督教或天主教。

3）日本人的交际礼节。日本人与人见面时善行鞠躬礼，初次见面向对方鞠躬 90 度，而不一定握手，只有见到老朋友时才握手，有时还拥抱。只有在女士主动伸手时男子才与她们握手，但时间不太长也不过分用力。日本人在室外一般不作长时间谈话，只限于致问候。

在日本，初次见面时互递名片已是一种日常礼节，但较为讲究名片的交换方法和程序，通常应由主人或身份较低者、年轻人向客人或身份高者、年长者先递送上自己的名片，递送时要用双手托着名片，把名片朝向对方以便阅读。还有一种方式是用右手递上自己的名片（名字也要朝向对方），用左手去接对方的名片。如果自己在接到对方名片后再去寻找自己的名片，则会被认为是不礼貌的。至于一时错把别人的名片递送给对方，则为严重失礼。因此在接待日本客人时，千万要注意将自己的名片准备好，以便适时与对方交换，以示礼貌。

日本人不给他人敬烟，若当着别人的面想抽烟时，通常是在征得对方同意后才吸烟。以酒待客时，他们认为让客人自己斟酒是失礼的行为，应由主人或侍者代斟为妥，并且同时要注意斟酒的方法，即斟酒者右手持壶，左手托底，壶嘴不能碰到杯口，客人则需右手持杯，左手托杯底接受斟酒为礼。通常接受第一杯酒而不接受第二杯酒不为失礼。客人若善饮，杯杯都喝光，主人会高兴并鼓励多喝，但主人和其他客人并不陪饮。一人不喝时，不可把酒杯向下扣放，应等大家喝完才能一起扣放，否则会被视为失礼。日本人的茶道已不是一种日常生活中的饮茶，而是饮茶的礼仪规范，它以"和敬清寂"为精神，作为最高礼遇来款待远到而来的尊贵宾客。

4）日本人的禁忌。①日本人的颜色、花卉禁忌。日本人忌讳绿色，认为绿色不祥；忌荷花。②日本人的数字禁忌。忌"9"、"4"等数字，因"9"在日语中发音和"苦"相同，"4"的发音和"死"相同，所以日本人住饭店或进餐厅，服务人员不要安排他们在4号楼、第4层、或4号餐桌。日本商人忌2日和8日，因为这两个月是营业淡季。日本人忌三人合影，因为三人合影，中间人被夹着，这是不幸的预兆，应当避免。③日本人的动物禁忌。日本人忌金眼睛的猫，认为看到这种猫的人要倒霉。但日本人喜爱仙鹤和龟，因为这是长寿的象征。④日本人的语言禁忌。在日本，"先生"一词只限于称呼教师、医生、年长者、上级或有特殊贡献的人，对一般人称"先生"会使他们处于尴尬境地。另外，日本妇女忌问其私事。

 **技能要求**

接待客人

一、向顾客介绍修脚程序

修脚的程序包括泡脚、擦干、就位、修治、整理、交费和离店，如图1—27所示。

泡脚 → 擦干 → 就位 → 修治 → 整理 → 交费 → 离店

图1—27 修脚程序流程图

二、引领顾客就位

1. 引领顾客到修脚室（大厅或单间）

服务员将顾客引导到修脚的大厅或单间，如图1—28、图1—29所示。

图1—28 大厅

2. 帮助顾客在修脚椅中就座

服务员帮助顾客在修脚椅中坐好，并把脚放在修脚凳上，叮嘱顾客在修脚过程中不要随便移动体位，以免划伤，如图1—30所示。

图 1—29　单间　　　　　　　　　　　图 1—30　顾客就座

三、填写服务项目结算清单

1. 填写清单

修脚师在完成修脚的程序后，要完整地填写服务项目结算清单，以便顾客交费。填写内容如图 1—31、图 1—32 所示。

图 1—31　填写清单

2. 刷卡操作

首先，将顾客的信用卡在 POS 机上刷过，其次让顾客在 POS 机打印出的单具上签名，最后，核对信用卡上的签名是否一致，如图 1—33 所示。

国家职业资格培训教程

姓名————性别——年龄——电话————住址————

慢性病症：糖尿病☐　　高血压☐　　心脏病☐

病症：☐甲沟炎　☐嵌甲　☐瘊子　☐脚疗　☐滑囊炎

　　　☐灰指甲　☐脚垫　☐鸡眼　☐刮脚　☐溃　疡

治疗方法：☐修脚　☐药物　☐手术　☐针刺　☐矫　正

治疗日期————————　用药————————号

技　师————————　费用————————第————————次

图 1—32　项目清单

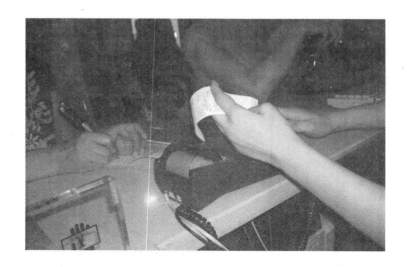

图 1—33　刷卡

第2章

脚部不适判断

第1节　垫类脚部不适判断

学习单元1　判断表皮浅层掌垫

学习目标

➤ 能用视、摸的方法判断表皮浅层掌垫。

知识要求

一、掌垫的形成原因

1. 生理缺陷

形成掌垫的生理缺陷包括脚部畸形、跖骨头大、趾间相互摩擦、拇趾外翻、小儿麻痹、脚部肌肉萎缩、脚过于肥大、脚掌脂肪痛肿、走路姿势不正确等。

2. 继发损害

所谓继发损害是指由于受某一原发病影响，如术后后遗症、冻疮、溃疡愈合后遗症，或某一原发病转变，如瘊子未经治疗，年久之后原发病原纹理逐步转化形成角化引起脚垫的形成。

3. 四季改变

所谓四季改变是指如夏季剧烈活动后用冷水冲洗，使局部受到刺激，周围的毛孔、血管、表皮组织急剧收缩受损，形成坏死的组织而形成脚垫。

二、掌垫的表现特征

掌垫就是长在脚掌部的一般性的脚垫（俗称茧子），呈大小不同的圆形，如图2—1所示。这种垫大小不一，严重的可长满整个前脚掌。它有两个特点：一是足患者多，是常见的一种脚垫症；二是脚垫是纯角质增生物质的增厚，是垫内不夹杂其他病症的脚垫。

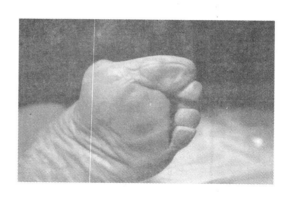

图2—1　掌垫

三、常用掌垫的判断手法

常用掌垫的判断手法是用拇指进行推摸、揉摸。

1. 推摸

修脚师用左手拇指沿着掌垫整体由上向下或由下向上判断掌垫的厚薄。

2. 揉摸

修脚师用左手拇指沿着掌垫边缘由上向下或由下向上呈"弧形"走向摸，判断掌垫的大小。

 **技能要求**

判断表皮浅层掌垫

一、观察掌垫判断大小和颜色

1. 观察掌垫的大小

用直观的方法看掌垫面积的大小，生于足前部的掌垫面积一般较大，生于足部边缘的掌垫面积较小。

2. 观察掌垫的颜色

用直观的方法观察掌垫的颜色深浅，掌垫皮肤的颜色一般比周围皮肤颜色偏黄、偏深。

二、摸掌垫判断大小

摸掌垫判断大小即用拇指在患处推按，通过手感诊断脚患部垫病变的薄厚程度，以确定施术用刀的治疗方法。一般用拇指推摸法就可以诊断清楚。

推摸方法分为上推、下推、左推、右推四种手法。

1. 上推手法

由垫的下方向上推，感觉垫的大小和厚薄，如图 2—2 所示。

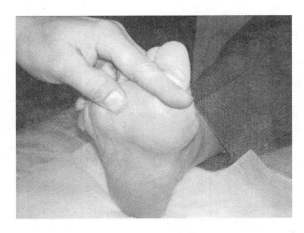

图 2—2　上推手法

2. 下推手法

由垫的上方向下推，感觉垫的大小和厚薄，如图 2—3 所示。

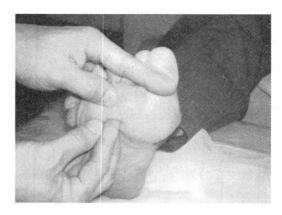

图2—3　下推手法

3. 左推手法

由垫的右方向左推，感觉垫的大小和厚薄，如图2—4所示。

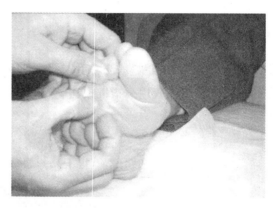

图2—4　左推手法

4. 右推手法

由垫的左方向右推，感觉垫的大小和厚薄，如图2—5所示。

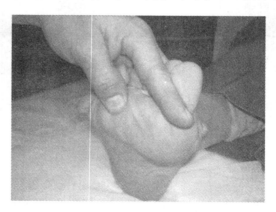

图2—5　右推手法

三、注意事项

摸掌垫判断大小时，摸的时候手法要轻柔，不能使用暴力，要把掌垫的边缘判断清楚。

 学习单元 2　判断偏趾垫

 学习目标

➤ 能用视、摸的方法判断偏趾垫。

 知识要求

一、偏趾垫形成的原因

1. 偏趾垫的形成主要是由于脚趾的一侧长期被挤压和摩擦所致，与鞋的大小、松紧有关。

2. 偏趾垫的形成与走路姿态有关，走路时的着力点不同，形成垫的大小就不同。

二、偏趾垫的表现特征

1. 发病在大趾的偏趾垫叫大偏趾垫，颜色一般为淡黄色，严重的呈深黄色，面积较大。

2. 发病在小趾的偏趾垫叫小偏趾垫，颜色一般为淡黄色，严重的呈深黄色，面积较小，如图 2—6 所示。

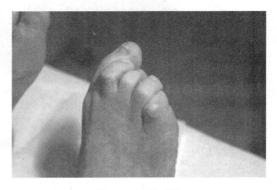

图 2—6　偏趾垫

三、常用偏趾垫的判断手法

同掌垫的判断手法。

 **技能要求**

判断偏趾垫

一、观察偏趾垫判断大小和颜色

1. 观察偏趾垫的大小

生长于大趾的偏趾垫面积较大，约有 1 厘米×1 厘米；生长于小趾的偏趾垫面积较小，约为 0.5 厘米×0.6 厘米。

2. 观察偏趾垫的颜色

无论生长于大趾或小趾的偏趾垫，脚垫皮肤的颜色一般都比周围皮肤颜色偏黄、偏深。

二、摸偏趾垫判断大小和部位

由于偏趾垫突出于大、小趾的皮肤表层，质地较硬，高低不平，在摸的时候修脚师用左手拇指先确定大趾或小趾关节的位置，然后用拇指的指尖和指腹进行揉摸或推摸，如图 2—7 所示。

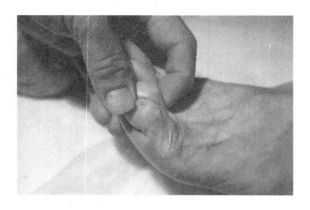

图 2—7　摸偏趾垫

第 2 节　判断趾甲类脚部不适

 学习单元 1　判断正常趾甲在生长阶段是否需要修治

 学习目标

➤ 能用视、摸的方法判断正常趾甲是否需要修治。

 知识要求

一、趾甲异常改变与疾病的关系

在日常生活中，常常会发现趾甲上有时出现一些横纹、竖纹以及斑点等。中医指出，趾甲的这种变化与机体的组织器官的功能低下，组织结构的破坏、萎缩等病理变化都是密切相关的。

1. 竖纹

趾甲表面不够光滑，出现一条条的直纹，一般会出现在操劳过度、用脑过度后；在睡眠不足的时候，这些竖纹会很清楚地显现出来。如果竖纹一直存在，则可能是体内器官的慢性病变。如果不加以调养，随着病情的发展趾甲会变得高低不平，甚至会裂开。

2. 横纹

趾甲上的横纹是一种对已经发生的病变的记录。换句话讲，当趾甲上有横纹出现时，体内必然已经出现一些病变。一般而言，开始的时候横纹只在趾甲的最下端，随着趾甲的生长，逐渐向上移动，也就预示着离发病时间越来越近了。

3. 斑点

趾甲上有少量白点，通常是缺钙、缺硅或者寄生虫病的表现；白点数量比较多，可能是神经衰弱的征兆；而趾甲上出现黄色细点，则可能患上了消化系统的疾病；如果趾甲上出现黑色斑点则要小心，轻者只是操劳过度、营养不良，重者可能是胃下垂、胃癌、子宫癌的先兆。

4. 趾甲健康圈

趾甲根部发白的半月形，叫做甲半月，又叫健康圈。一般而言，甲半月占整个趾甲的五分之一是最佳状态，过大、过小或者隐隐约约都不太正常。甲半月太大的人容易发生高血压、中风；而甲半月如果太小则说明血压太低。完全看不到甲半月的人，大多有贫血或者神经衰弱的症状。

同时，甲半月的颜色以乳白色最佳。如发青，则暗示呼吸系统有问题，容易患心血管疾病；如发蓝，则是血液循环不畅的表现；如发红，对应的则是心力衰竭。

二、趾甲的形状与疾病

1. 长形

趾甲偏长的人，性格比较温和不急躁，所以精神因素刺激引起的疾病在他们身上比较少见。但是因为先天的体质比较偏弱，免疫系统较差，很容易患上急性炎症性疾病，如上呼吸道感染、胃肠炎，以及脑部、胸部的疾病。

2. 短形

趾甲偏短的人，属于比较容易急躁冲动的性格。这类人的心脏功能先天性相对较弱，比较容易发生从腹部到腰部，以及腿脚等下半身的疾病。如果趾甲的尖端较平，并且嵌进肉里面了，则比较容易发生神经痛、风湿等疾病。

3. 方形

这类趾甲的长度与宽度相接近，趾甲接近正方形，这类人的体质比较差，往往属于无力型，虽然没有什么明显的大病，但是很容易成为很多遗传性疾病患者。如果女性出现这样的趾甲，应该警惕子宫和卵巢方面出现问题。

4. 百合形

趾甲比较长，中间明显突起，四周内曲，形状犹如百合片。这类趾甲多见于女性，这种趾甲的形状是最漂亮的，但拥有此甲的人多半从小就比较多病，尤其是消化系统方面经常容易出问题，还比较容易患血液系统疾病。

5. 扇形

这类趾甲下窄上宽，趾端成弧形。拥有扇形趾甲的人，多半为天生的强体质型，从小身体素质就很好，耐受能力很强，但是很容易忽视自己的健康。在成年或者老年时比较容易患十二指肠溃疡、胆囊炎甚至肝病等。

6. 圆形

有呈圆形的趾甲的人看上去体格健壮，很少得病。这类人对于疾病的反应十分的不灵敏，很难自觉出身体的异况，所以，一旦生病，往往就很重。在他们身上最易发生的便是溃疡出血、胰腺炎、心脏功能紊乱甚至癌症。

 相关链接

指甲的药用价值：据《本草衍义》记载，人指甲确实是可以入药的，它具有性味甘咸平的性质，传统中医理论中，主要用它来治疗鼻衄、尿血、扁桃体炎、中耳炎等病症。

三、趾甲的颜色变化与疾病的关系

甲色指的是趾甲的光泽度和颜色。健康人的趾甲有一定的光泽并且很均匀，好像一块光滑的玻璃，而且趾甲应该是粉红色。一旦甲色发生变化，就说明体内某些地方已经发生了问题，应该引起重视了。

1. 光泽

（1）甲泽变亮

甲泽变亮有两种。一种是趾甲上有块状或者条状部位变亮，而不是整个趾甲，这种情况多与胸膜炎、腹腔出现积液有关；另外是整个趾甲都像涂了油一样，变得光亮无比，而且趾甲变薄，这种多见于甲亢、糖尿病、急性传染病患者。

（2）光泽不均

趾甲的光泽度不均匀可以表现在不同趾甲，也可表现在同一趾甲的不同部位。如每个趾甲都是前端有光泽，根部毛燥无光，可能存在慢性气管炎和胆囊炎；如果只有部分趾甲光泽不均，暗示体内存在某些慢性损害和炎症。

（3）失去光泽

如果整个趾甲都像毛玻璃一样，完全没有一丝丝的光泽的话，说明体内存在着某些慢性消耗性疾病，如结核病等；而如果体内有着严重的消耗性疾病，如肝脓疡、肺脓疡或长期慢性出血的患者，也都会出现这种情况。

2. 颜色

（1）甲色偏白

趾甲颜色苍白，缺乏血色，多见于营养不良，贫血患者；此外如果趾甲突然变白，则常见失血、休克等急症，或者是钩虫病、消化道出血、肺结核晚期、肺源性心脏病等慢性疾病。需要注意的是，如果趾甲白得像毛玻璃一样，则是肝硬化的特征。

（2）甲色变灰

趾甲呈灰色，多是由于缺氧造成，一般抽烟者中比较常见；而对于不吸烟的人，趾甲突然变成灰色，最大的可能便是患上了甲癣，初期趾甲边缘会发痒，继而趾甲还会变形，失去光泽变成灰白色，如灰趾甲等。

（3）甲色变黄

趾甲变黄，在中医上认为多由湿热熏蒸所致，常见于甲状腺机能减退、胡萝卜素血症、肾病综合征等；西医上则认为趾甲偏黄多半与体内维生素E的缺乏有关。如果所有的趾甲都变黄，就必须接受治疗了，因为那是全身衰弱的象征。

 技能要求

判断趾甲是否需要修治

一、需要修治的趾甲类型举例

甲前端长度超过 0.5～0.7 厘米，即需要修治。趾甲过长容易划伤或断裂。

二、不需要修治的趾甲类型举例

甲前端在 0.5～0.7 厘米以内，并无任何疾患的，即不需要修治。

 **学习单元2　判断灰趾甲**

 学习目标

➢ 能用视、摸的方法判断灰趾甲。

知识要求

一、灰趾甲的形成原因

1. 引发灰趾甲的真菌种类

能够引起灰趾甲的真菌有很多种，最常见的有红色毛癣菌、石膏样毛癣菌、絮状表皮癣菌等，其他如许兰氏毛癣菌、紫色毛癣菌、断发毛癣菌、玫瑰色毛癣菌及同心性毛癣菌也可致灰趾甲。此外，还有几种真菌常在甲营养不良的情况下引起甲的病变，如白色念珠菌、黄曲霉菌、熏烟色曲菌等。

2. 真菌感染的途径

真菌的感染多数从甲的游离端或两侧开始，早期在甲板上出现白色或污黄色的小点、小片，以后逐渐慢慢扩展，直到累及整个甲板，引起甲板变色、变形，失去趾甲原有的光泽，甲板表面出现凹陷。

真菌侵犯了甲板下紧贴的甲床，则甲会变松，变成了充填碎屑的虫蛀状，同时甲床上面的甲板也渐渐增厚、松脆，甲板与甲床出现分离、破裂、缺损，甲的颜色变成灰白色或污白色。有的甲板会发生断裂，仅残留了一部分甲根。

二、灰趾甲的类型及表现

灰趾甲的症状多种多样，由于感染的真菌不同，表现也各有特点。

1. 近端甲下型灰趾甲

近端甲下型灰趾甲较少见，多数继发于甲沟炎。先是甲板靠近甲皱裂处（即甲板的近心端）发白，之后渐渐扩大成斑，最终局部甲板缺失，扩至全甲。此型仅红色毛癣菌和玫瑰色毛癣菌所致。

2. 远端甲下型灰趾甲

远端甲下型灰趾甲初表现为甲的远端（侧缘）甲板面出现不规则的小片白斑，随后变成无光泽的灰斑，并逐渐变为黄棕色直至黑色。不久甲板变质，甲下角质碎屑堆积、甲床增厚。最后甲板变萎缩，偶有出血。此型常由红色、石膏样或絮状表皮癣菌引起。

3. 白色表浅型灰趾甲

白色表浅型灰趾甲表现为甲板表面有白点或白色 1 毫米直径大小的斑片，病甲呈脆性而刮落。此型仅由石膏样毛癣菌或霉样菌、镰刀菌及曲菌所致。

4. 全甲营养不良型灰趾甲

全甲营养不良型灰趾甲并不多见，常为以上各型最终发展的结果。表现为全甲失去光泽、变质、增厚或碎裂，脱落后留下异常增厚的甲床。

5. 慢性皮肤黏膜念珠菌性甲型（或真性念珠菌甲癣）灰趾甲

慢性皮肤黏膜念珠菌性甲型灰趾甲表现为全甲变质、膨起、松脆，表面疣状，凹凸不平。

6. 慢性甲沟炎型灰趾甲

表现为外侧甲皱襞及近端甲皱、表皮护膜变质或变棕色。最重要的特点是有甲沟炎存在，甲周皱襞肿胀而没有甲下角化过度，可有少量渗液但从不出脓。此型亦多由念珠菌引起。

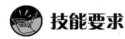 **技能要求**

判断灰趾甲的程度

一、根据甲的颜色判断灰趾甲的程度

灰趾甲包括两种类型：第一种表现为白甲，损害常先从甲根开始，甲板表面出现小白点，逐渐扩大，导致甲板变软下陷；另一种损害先从甲游离缘和侧壁开始，使甲板出现小凹陷或甲横沟，逐渐发展至甲板变脆、易碎、增厚，呈内褐色。甲下碎屑堆积常易使甲变空，翘起与甲床分离，甲板表面凹凸不平，粗糙无光泽，如图2—8所示。

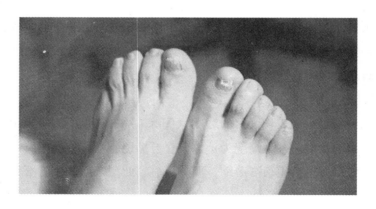

图2—8　灰趾甲

二、根据甲的薄厚判断灰趾甲的程度

1. 修脚师用左手的拇指或食指摸甲板表面，可竖摸也可横摸，判断表面凹凸不平。

2. 用食指和拇指的指甲前端掀一掀甲板，判断是否有空洞或粉末状物体。

3. 压一压甲板，询问顾客是否有压痛感，如图 2—9 所示。

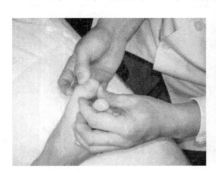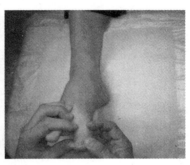

图 2—9　判断灰趾甲的程度

第3章
脚部不适修治

第1节　垫类脚部不适修治

 学习单元1　修治表皮浅层掌垫

 **学习目标**

➤掌握持脚法的操作要点；

➤能使用正刀片的方法修治表皮浅层掌垫。

 知识要求

一、持脚法的操作要点

1. 持脚法的定义

持脚法是指修脚师在修治顾客的脚部不适时，使用一只手固定顾客脚的方法。

国家职业资格培训教程

2. 持脚的目的

（1）固定顾客的脚。防止顾客在修脚时因不必要的活动而出现意外，如出血。

（2）充分暴露脚部不适的部位。有些部位的脚部不适不利于修脚师持刀修治，采用持脚法，可以使脚部不适的部位充分地暴露出来，有利于修治。

3. 持脚的方向

在介绍持脚法前，首先应了解前、后、左、右的方向问题，这是因为修脚师所说的方向与一般的方向正好相反，不搞清这一点，在谈到持脚和用刀方向时，容易引起混乱。这里所说的方向，是以自己正对的方向而定。以自己的左手（患脚右侧）为左方，以自己的右手（患脚左侧）为右方，以自己的前方（患脚后方）为前方，以自己的后方（患脚前方）为后方，如图 3—1 所示。

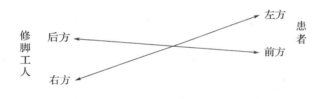

图 3—1　持脚方向示意图

为操作方便，以后凡涉及持脚、用刀和患者病变位方向时，均以操作者为准。

4. 持脚法的类型

根据脚部不适的部位，采用的方法也不同。一般分为支脚法、捏脚法、抠脚法、卡脚法、拢攥法、挣推法。

（1）支脚法

支脚法是针对长在特殊部位病变的一种持脚法，如趾缝中的病患。这些病患，或长在趾缝左侧，或长在趾缝中间，或长在趾缝根部，从外面无法用刀，必须把脚趾支开，使病患处于显露位置，进行修治。根据病患不同的部位，一般采用拇指支、食指支、中指支、双指支四种支法。

1）拇指支。这种支法适用于患者右脚趾缝左侧的病患。这一支法关键在拇指的支力。具体支法如下所示。

动作名称	基本动作	动作要领
拇指支	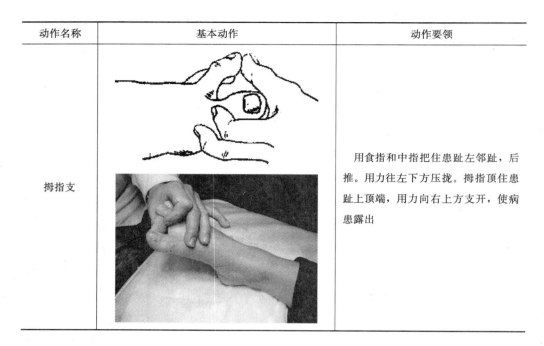	用食指和中指把住患趾左邻趾，后推。用力往左下方压拢。拇指顶住患趾上顶端，用力向右上方支开，使病患露出

2）食指支。适用于患者左脚趾缝左侧或中下处的病患。这一支法要靠食指用力。具体支法如下所示。

动作名称	基本动作	动作要领
食指支		用拇指和中指捏住患趾左邻趾，往左下方掰。食指顶在患趾顶端，往右支开，露出病患

以上两种支法，也可适用于趾缝右侧病患。不过对于右侧病患，一般均用把患趾掰开法治疗。

3）中指支。适用于趾缝根部中间的病患和骑马垫等。这一支法以中指用力为主。具体支法如下所示。

动作名称	基本动作	动作要领
中指支	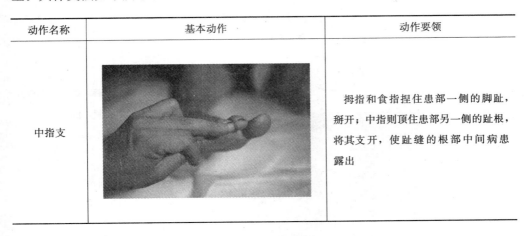	拇指和食指捏住患部一侧的脚趾，掰开；中指则顶住患部另一侧的趾根，将其支开，使趾缝的根部中间病患露出

4）双指支。适用于脚趾根部病患或接近根部的两侧病患。这一支法要求拇指和中指用力，而且力量均匀一致。具体支法如下所示。

动作名称	基本动作	动作要领
双指支		食指拢住患部一侧脚趾的中间，往外掰；拇指和中指分别顶住另一侧脚趾的顶部，同时用力支开

（2）捏脚法

捏脚法是修治各种趾甲病变和趾部上各种病患（如盖趾垫、脖领疗等）的一种持脚法。捏脚法主要靠拇指和食指用力，将患趾捏住。常用捏法有三种。

1）正捏法。这种捏法一般用于横断第二、三、四脚趾的趾甲，以及起顶趾垫、舌头疗等。具体动作如下所示。

动作名称	基本动作	动作要领
正捏法	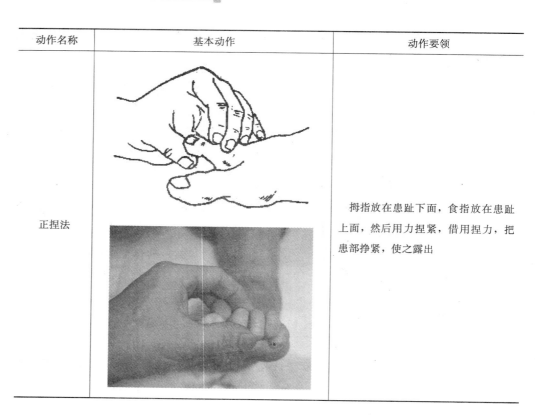	拇指放在患趾下面，食指放在患趾上面，然后用力捏紧，借用捏力，把患部挣紧，使之露出

2）反捏法。这种捏法适用于抢、劈各种病甲和嵌甲等。具体动作如下所示。

动作名称	基本动作	动作要领
反捏法		拇指和食指从左、右两侧把患趾紧紧捏住，并借用捏力，使趾甲突出

3）按捏法。凡是修治关节上面各种病变等都采用这种方法。具体动作如下所示。

动作名称	基本动作	动作要领
按捏法	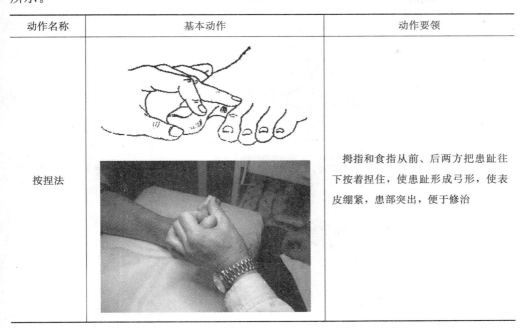	拇指和食指从前、后两方把患趾往下按着捏住，使患趾形成弓形，使表皮绷紧，患部突出，便于修治

（3）抠脚法

抠脚法是用手指抠住患部一侧边缘，使另一侧突出，为用刀创造条件。如起较大的盖趾或挖除瘊、疔、垫核等，都要采用这种方法。由于患部部位不同，抠的方法也不一样。如病患在脚掌上的具体方法如下所示。

动作名称	基本动作	动作要领
抠脚法		食指和其余三指夹住脚趾，大拇指的指尖抠紧，关键是要与刀的方向相反，向下方用力，使病患另一侧突出，便于施术

（4）卡脚法

卡脚法分为小卡、大卡两种卡法：小卡用于卡脚趾，凡趾甲病和趾节上病患都采用这种卡法；大卡用于卡脚掌、弓部等。具体动作如下所示。

动作名称	基本动作	动作要领
小卡法		用食指（在上）、中指（在下）把患趾夹住，大拇指则顶住患趾上端，用力顶紧
大卡法		食指和其余三指夹住掌部脚趾，拇指则在掌部病患下方，用力往下赶压，使患部突出

（5）拢攥法

拢攥法是针对脚外侧和脚掌弓部病患的持脚法。具体动作如下所示。

动作名称	基本动作	动作要领
拢法	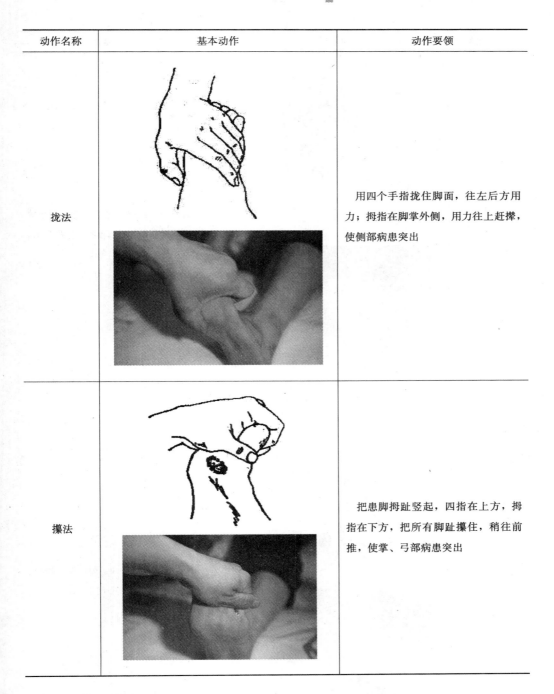	用四个手指拢住脚面，往左后方用力；拇指在脚掌外侧，用力往上赶撵，使侧部病患突出
攥法		把患脚拇趾竖起，四指在上方，拇指在下方，把所有脚趾攥住，稍往前推，使掌、弓部病患突出

（6）挣、推法

挣、推法是两种方法，但都用于撑开表皮，露出患部。挣法适用于脚底平面部位的病患；推法主要用于足跟上各种病患。具体动作如下所示。

动作名称	基本动作	动作要领
挣法		将四个手指放在患部上方，拇指放在患部下方，然后用食指、拇指用力，把表皮撑开
推法		四个手指拢住脚面，拇指捏住脚心，拇指用力，沿着脚心向上推，使表皮撑开

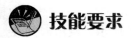 **技能要求**

用正刀片方法修治表皮浅层掌垫

一、泡脚

1. 准备工作

（1）套一次性塑料袋

在泡脚盆上套一次性塑料袋的目的如下：一是为了防止顾客交叉感染，二是便于修脚师更换工作。

在泡脚盆上套一次性塑料袋。先将塑料袋的底部敷盖在泡脚盆的底部，然后把塑料袋的边缘翻套在泡脚盆的盆边上，如图 3—2 所示。

图 3—2　套一次性塑料袋

（2）注热水

注水时应先倒凉水，再倒热水，如图 3—3 所示。水温要控制在 40～45℃。此时可以把温度计插入泡脚盆里，观察温度计的刻度。40～45℃的水温是使人体能够适应的温度，在这个温度范围内可以使顾客脚部的角化层软化，便于修治。

图 3—3　注热水

2. 泡脚

顾客坐在板凳上，将脚浸泡在注入热水的盆内，如图 3—4 所示。浸泡时间在 20～30 分钟，水凉后，让服务员添加热水。

图 3—4　泡脚

二、修脚

1. 顾客体位

顾客体位包括坐位和仰卧位。

（1）坐位

顾客坐在修脚椅上，将脚竖立在修脚凳上，如图 3—5 所示。

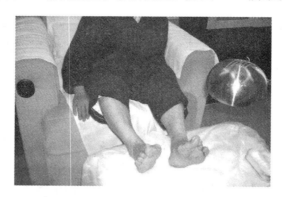

图 3—5　坐位

（2）仰卧位

仰卧位是指顾客平躺在修脚床上，如图 3—6 所示。

图 3—6　仰卧位

2. 持脚

修治表皮浅层掌垫多采用拢脚法，如图 3—7 所示。

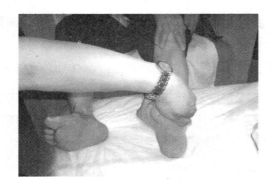

图 3—7　持脚

3. 选刀

选用片刀。

4. 持刀

一般用右手持刀，如图 3—8 所示。

图 3—8　持刀

5. 修治

表皮浅层掌垫一般长在脚掌的中间和左右两边，大的连成片，将整个掌部盖住。一般均用正片法片除，以正片法为主，把病变片净；只有病变有沟凹处，才用反片法。

普通垫也可用起、撕法，这两种刀法是在以下情况下使用。

（1）起法

起法一般适用于大而不深的病变。部位在左边的用正起法，在右边的用反起法；病变深而软的用反起法，较厚而硬的用正起法。

（2）撕法

撕法一般适用于较小较软的病变，部位在掌上或左边的用立刀撕，在右边的用卧刀撕。

修治表皮浅层掌垫时要用力均匀，操作需稳、准、轻；挣时要用左手拇指、食指挣开，绷紧脚掌皮肤，便于操作；持片刀操作时需用翘刀，不可用平推，以免发生出血、片深及痛感。要求片平、片光、片净。具体动作如下所示。

动作步骤	基本动作	动作要领
动作1		刀与皮肤呈3～5度夹角，准备入刀
动作2		先用刀刃的右侧进入垫中，进入约0.5厘米

续表

动作步骤	基本动作	动作要领
动作 3		刀刃的三分之二进入掌垫，刀刃与皮肤的夹角小于 5 度
动作 4		刀刃由上向下运动。把表皮浅层掌垫一层一层地片下来

注意事项

1. 选刀：应选用片刀。

2. 坐姿：挺胸斜坐，双腿并拢。

3. 刀法：正刀片、抹刀片、正腕。

4. 持脚法：挣、拢、攥法均可。

5. 要求标准：片平即可达标，以不出血为准。

6. 工具消毒：浸泡消毒，用 75% 浓度的酒精浸泡 30 分钟。

7. 患部消毒：用 75% 的酒精擦拭消毒。

学习单元 2　修治偏趾垫

学习目标

➤ 能用正刀片、抹刀片的方法修治偏趾垫；

➢掌握片刀的使用方法；

➢掌握片刀修治偏趾垫的使用方法；

➢能使用正刀片的方法修治偏趾垫。

 知识要求

一、持片刀的手法

用拇指和食指的指腹相对捏住刀身，中指的指尖顶住患处。

二、片刀法的操作要点

从患部的一侧入刀，边片边移动，要顺着皮肤的纹路分层片，直到全部片净为止。

 技能要求

使用正刀片、抹刀片方法修治偏趾垫

一、泡脚

同学习单元1内容。

二、修脚

1. 顾客体位
顾客体位包括坐位和仰卧位。

2. 持脚
用左手持脚，采用双指支法。

3. 选刀
选用片刀。

4. 持刀
用右手持刀，采用捏刀法。

5. 修治
（1）正刀片
同掌垫的修治方法。具体方法如下所示。

动作步骤	基本动作	动作要领
动作 1		先用左刀尖以 5 度角进入垫体的四分之一处
动作 2		进而刀刃的二分之一进入垫体0.1～0.5 厘米
动作 3		用整个刀刃将垫体片下，依上述步骤分层进行片除，直至片净

（2）抹刀片

1）入刀角度小于正刀片，一般为 0～3 度角。

2）片的频率小于正刀片。

3）每次片的面积小于正刀片，要一茬压一茬，上下抹动进刀。

三、注意事项

1. 要用力均匀，操作需稳、准、轻。

2. 双指支主要靠拇指和中指完成，食指应拢住患部一侧的中间。

3. 持片刀操作时需用抹力，以上下抹进为正确。

第 2 节　修治趾甲类脚部不适

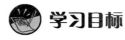

学习目标

➢能用抢刀断、劈的方法修治灰趾甲。

知识要求

一、持修刀（轻刀）的手法

用拇指和食指的指腹捏住刀身的前三分之一处，用中指的指尖顶住患处，适用于修治两脚趾之间的病患。

二、断刀法的操作要点

断刀适用于趾甲的去短，切除病甲用断刀法，修治正常趾甲也要用断刀法。断刀法的关键和操作要领是以指力为主、腕力为辅，动作包括"翻""转"两个方面。翻，就是用正腕入刀，使左刀尖平着插入趾甲右下角，然后翻转一下刀刃，使刀尖将甲角挑起，开始入刀；转，就是在走刀过程中，用拇指和食指的推力从右方向左转着进刀，一直到左端切断为止。在转着进刀中不能偏离青线，同时，左手持脚拇指要配合动作，随时转走，翻刀正确，挑甲适当，拨转力匀，不离青线，一劈到底，切断趾甲，无茬，光滑，左右两个夹角成为圆形。以上即为断刀法操作中的基本要求和质量标准。

断刀法共有两种，一种是立刀断，一种是坡刀断。

三、劈刀法的操作要点

劈刀法的关键完全在于指力，即拇指和食指捏刀的，由后向前的推力。劈刀法有立刀劈和合刀劈两种刀法。无论哪种劈法，基本要点为以下几点。

动作名称	基本动作	动作要领
立刀断		立刀断专用于断一般正常趾甲，刀刃竖起往前倾，刀刃要与趾甲呈 80～85 度夹角
坡刀断		刀刃竖起往前倾，刀刃要与趾甲呈 45～50 度夹角，使刀刃呈坡形，主要用于断抢过的厚趾甲

1. 翻刀亮线，两种劈法入刀后，都要进一刀翻一下刀刃，刀刃对准青线，根据趾甲盘卷的程度，确定刀刃的角度，即用拨刀进刀，里合刀往左拨，外合刀往右拨，每进一刀，翻刀亮线，直至甲根。

2. 深入进刀。

3. 劈断甲根，劈至甲根部分，用腕力往前戳刀，截断甲根。当刀至根部后，不用指力，改用腕力向前一戳。

四、抢刀法的操作要点

第一，逆向刮擦；第二，腕子用力；第三，要转着抢；第四，要分层抢；第五，要看准青线；第六，挑着抢；第七，下刀要准；第八，吃力要小；第九，随时要注意特殊情况。

以上 9 点的具体内容会在后文中详细介绍。

五、毛茬的去除法

去毛茬即择法，择法是修完趾甲的最后一道工序，即对趾甲两侧边缘及甲上皮的毛茬、皮刺、角质层进行清理，使活茬更加精细，达到圆滑，无粗糙感。去除趾甲毛茬的主要工具是用轻刀。条刀作为辅助工具，脚垫修整的后期边缘毛刺是用片刀来完成。修治的过程分为以下三个步骤。

1. 轻刀

中指顶于患趾右侧，甲根以下，入刀时刀身向右倾，与趾甲向轴线呈 120 度夹角，刀刃面与趾甲面呈 5 度夹角，从右下角吃力，用两指往前推刀，使刀刃围着甲周围转，至右侧后端。

2. 条刀

中指顶于患趾之上，以刀尖在甲沟内进行剥离转动。方法为捏刀的两指。顺着直挺的中指左右前后移动，称拨刀法。

注意事项：择时吃刀不要过深，手法要轻，甲周围有血泡或有裂口时必须用快刀择或用左手拇指捏住逼着择，用持刀的力进行操作，否则会划破皮肤，造成事倍功半的后果。

3. 片刀

中指顶于患部边缘，用抹刀法将脚垫部位的毛茬片干净，直至有光滑感。

 技能要求

修治正常趾甲和灰趾甲

一、正常趾甲修治

1. 泡脚

同第 1 节学习单元 1 内容。

2. 修脚

（1）顾客体位

顾客体位包括坐位和仰卧位。

（2）持脚

多采用正捏法、反捏法。

（3）选刀

选用抢刀或者轻刀。

（4）持刀

同持轻刀的手法。

（5）修治

动作名称	基本动作	动作要领
动作 1		用轻刀的左刀尖沿着趾甲，从一侧入刀
动作 2		用轻刀沿着趾甲青线进刀 0.5 厘米
动作 3		用轻刀沿着趾甲的青线将这个趾甲断下

二、灰趾甲修治

1. 泡脚

同第 1 节学习单元 1 内容。

2. 修脚

（1）顾客体位

顾客体位包括坐位和仰卧位。

（2）持脚

左手持脚。采用正捏法或反捏法。

（3）选刀

可选用抢刀（锛刀）、轻刀（修刀）、条刀。

（4）持刀

右手持刀。

（5）修治

动作步骤	基本动作	动作要领
动作1		选用抢刀（锛刀）进行趾甲去薄，去薄所用刀法为：平刀抢、坡刀抢、抹刀抢
动作2		选用轻刀（修刀）横断趾甲前部
动作3		选用条刀将甲沟两边的残余部分进行剥离

注意事项

1. 抢灰趾甲时刀法应准确，横断趾甲要不离青线，以不出血为准。

2. 抢灰趾甲主要用腕力，手腕要灵活，不要死板，进刀小，出刀挑，以免吃力过深，抢到血管，引起出血现象。

3. 横断趾甲时应看准青线位置，要区别于嵌甲的横断，以坡刀断为准。

4. 择除毛茬要干净，以光滑、不挑丝袜为准。

三、去除毛茬

动作步骤	基本动作	动作要领
动作 1		用轻刀沿着甲板表面进刀
动作 2		用轻刀的刀刃将趾甲的甲沟边缘毛茬铲平